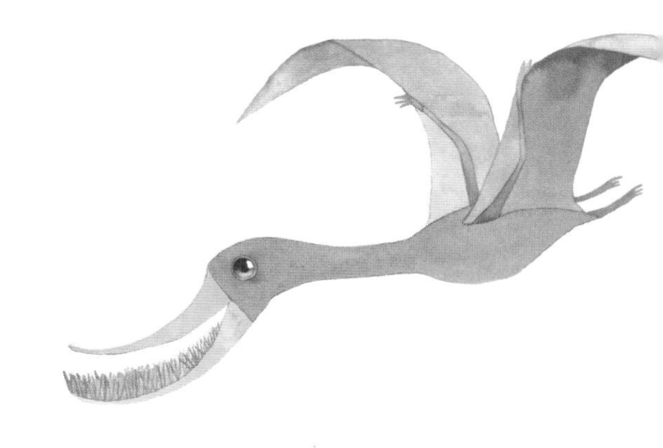

恐龙和其他史前生物

（英）马特·休厄尔 / 著　冯康乐 / 译

北京联合出版公司
Beijing United Publishing Co.,Ltd.

献给罗米和梅，伊芙和芬以及阿洛

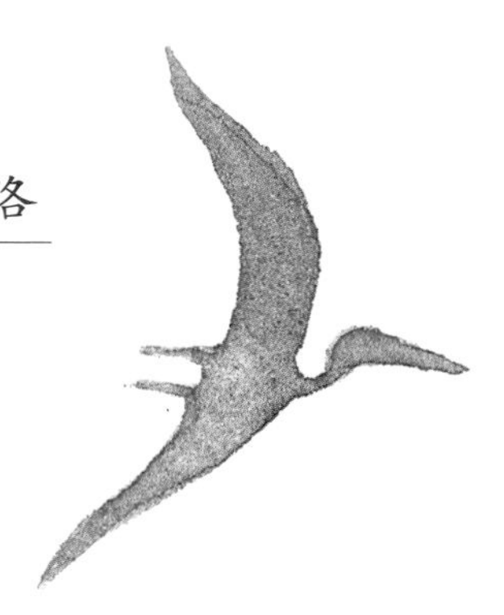

目录

前言 3
角鼻龙 6
剑龙 8
翼手龙和蛙颌翼龙 10
圆头龙 12
冰脊龙 14
伶盗龙 16
梁龙 18
葡萄园龙 20
沙洛维龙 22
鱼龙 24
犹他盗龙 26
禽龙 28
阿根廷龙 30
天青石龙 32
赖氏龙 34
阿马加龙 36
三角龙 38
犹他角龙和野牛龙 40
霸王龙 42
羽暴龙 44
薄片龙 46
似鸸鹋龙 48
妖精翼龙和古神翼龙 50
营山龙 52
腕龙 54
伤齿龙 56
始祖鸟 58
鹦鹉嘴龙 60
肿头龙 62
长颈龙 64
重爪龙 66
包头龙 68
可汗龙 70
欧罗巴龙和马扎尔龙 72
龙盗龙 74
沧龙和龙王鲸 76
南翼龙 78
古角龙 80
巨盗龙 82
镰刀龙 84
副栉龙 86
风神翼龙 88
小盗龙 90
甲龙 92
棘龙 94

前言

欢迎来到神奇的恐龙世界！

我们都知道恐龙。它们曾是地球的统治者，是电影里的怪物，是我们在博物馆里看到的骨头架子。

但我们真的了解它们吗？我们能想象出它们的样子吗？它们的叫声是什么样的？它们的气味又是什么样的？

在阅读本书的过程中，你会了解到，尾巴上长有尖刺的剑龙、可怕的生活在沼泽的棘龙，同时还会了解到一些现代鸟类的近亲——始祖鸟和伤齿龙。

插图说明

在我们以前的认知中，恐龙看起来就像大蜥蜴那样，有着土褐色或单调的绿色鳞片。现在，这种观点已经过时了。一些聪明的古生物学家（我们会误认为他们是研究化石的科学家）发现，许多恐龙可能是五颜六色的。不仅如此，还有很多恐龙可能长有羽毛！后文的插图都是受到这些想法的启发——帮你想象真正久远的过去，那个光明而可怕的世界。

恐龙群和家族世系

目前古生物学家已经识别出 1000 多种恐龙，很可能还有数千种未被识别！有这么多恐龙要研究，难怪科学家们要给恐龙进行分类。

对物种进行分类被称为分类学。多年来，随着越来越多的化石被人们发现，恐龙的分类也在不断地发生变化。目前，科学家们就主要恐龙群的分类达成了一致：

蜥脚类——长脖子，草食
兽脚类——两足行走，主要食肉
角龙类——有角和骨质颈盾
剑龙类——有刺和骨板
甲龙类——有硬甲，草食
鸭嘴龙类——吻部扁平

这些分类可以进一步划分为多个族。以兽脚类为例，它们在大小、食性和外观方面各有不同。

兽脚类包括：

盗蛋龙科——无牙齿，像鹦鹉
似鸟龙类——速度快，像鸵鸟
伶盗龙属——凶残，喜群猎
暴龙属——巨大骇人的掠食者

令人困惑的是，著名的会飞的翼龙和会游泳的鱼龙并不属于恐龙家族。事实上，它们根本就不是恐龙！之所以出现在本书中，是因为它们在恐龙时代很常见，与恐龙共享生态系统。

你知道吗？

现代鸟类是兽脚类恐龙的后代——谢天谢地，它们不像祖先那么可怕！

恐龙的食性

不同类型的恐龙也吃不同种类的食物。比如，大块头的阿根廷龙爱吃的食物就与小巧的伶盗龙所吃的食物大不相同；缓慢的霸王龙也不会和迅捷的伤齿龙吃同样的食物。这些食性方面的不同来自方方面面——身体方面，如体型的大小和形态；环境因素，如生存所在的气候差异和地理位置。

恐龙的食性可以用下面的术语来描述：

肉食性——食肉
草食性——食草
杂食性——食肉或食草
鱼食性——食鱼
虫食性——食虫

你知道吗？

腕龙（第 54 页）每天必须吃掉大约 180 千克的植物才能保持体重，那可是很大的一堆叶子！

恐龙的时代与气候

恐龙在地球上游荡了 1.6 亿年。它们有足够的时间演化成不同的外形、体型和食性习惯。恐龙的关键地质时代是三叠纪、侏罗纪和白垩纪：

地质时代	时间	气候和环境
三叠纪	大约 2.5 亿—2 亿年前	温暖，干燥的沙漠
侏罗纪	大约 2 亿—1.45 亿年前	更温暖，潮湿的雨林
白垩纪	大约 1.45 亿—6600 万年前	温暖、潮湿，出现被子植物

数百万年来，不同的气候以多种方式改变着恐龙的生活。早期的恐龙处在三叠纪，那时候沙漠里植被很少，食物的匮乏导致食草和食肉恐龙都长得很小，体重也普遍很轻。到了侏罗纪时代，雨林变得温暖茂盛——更丰富的食物资源意味着体型较小的恐龙有机会进化成体型更大的恐龙。到了白垩纪，被子植物增多以及火山活动频繁，给恐龙的生活带来了毁灭性的影响。

大约 6600 万年前，砰…… 恐龙突然灭绝了。大多数科学家认为，这是由一颗来自外太空的巨大行星撞击地球造成的。还有人认为罪魁祸首是火山爆发或者是气候变化。

接下来我要让这些恐龙复活！

你知道吗？

大型骇人的野兽并不限于三叠纪、侏罗纪和白垩纪。龙王鲸（第 76 页）是一种可怕的早期鲸鱼，在恐龙灭绝 2500 万年后的始新世时期的水域中活动。

你有勇气翻开下一页吗？

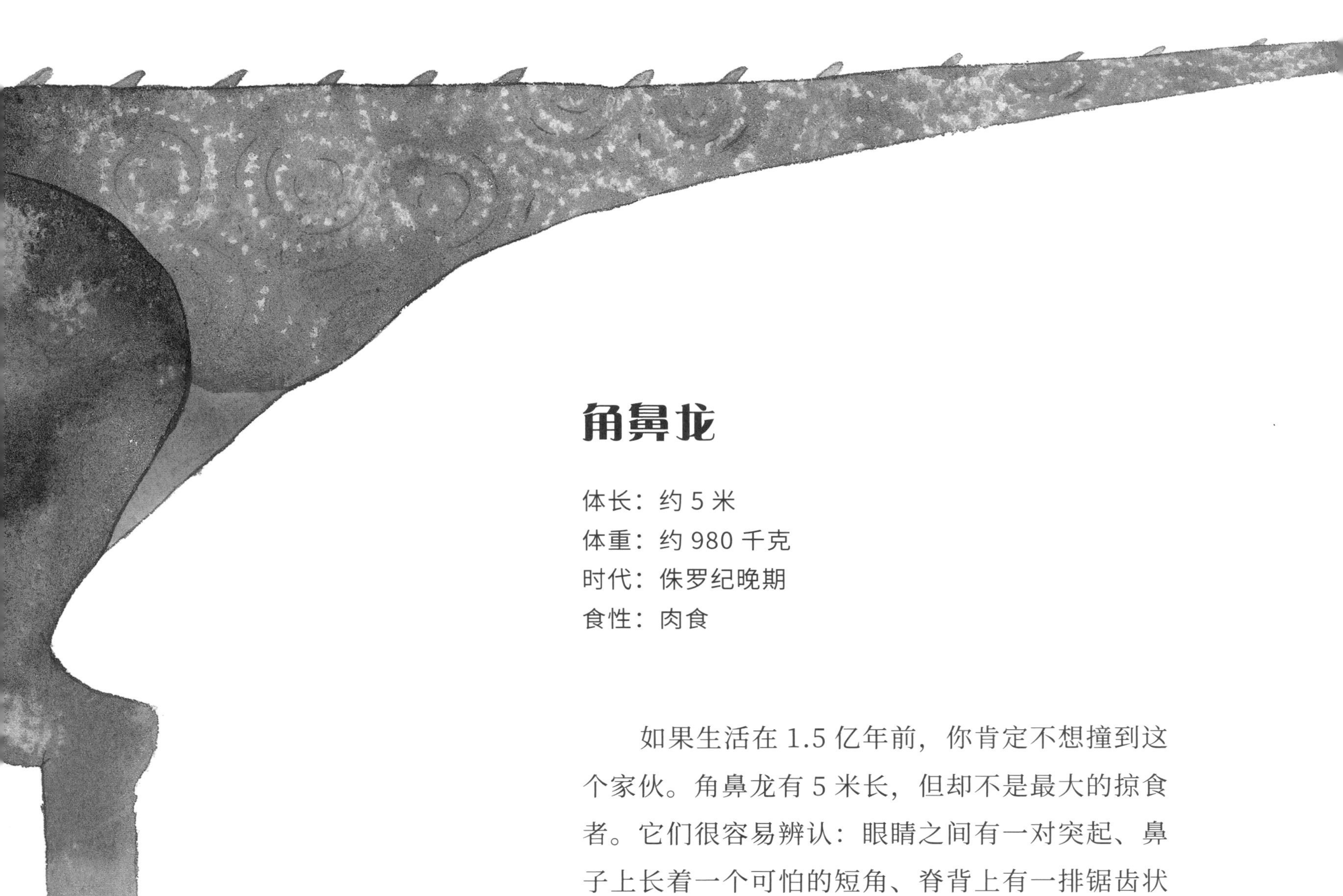

角鼻龙

体长：约 5 米
体重：约 980 千克
时代：侏罗纪晚期
食性：肉食

如果生活在 1.5 亿年前，你肯定不想撞到这个家伙。角鼻龙有 5 米长，但却不是最大的掠食者。它们很容易辨认：眼睛之间有一对突起、鼻子上长着一个可怕的短角、脊背上有一排锯齿状棘突，以及一副巨大的可以撕开任何恐龙皮肉的牙齿。因为这些特征，它被称为侏罗纪时期的佼佼者，也被认为是恐龙之中顶级的掠食性恐龙！

剑龙

体长：约 9 米
体重：约 7000 千克
时代：侏罗纪晚期
食性：草食

这种著名的恐龙，拥有一排很容易辨认的骨板。但是它们并不可怕，因为剑龙是一种很安静的草食性恐龙，但你肯定也不想让一个体长 9 米的素食者站在自己的旁边。

剑龙除了骨板外，尾巴上还长有尖刺。这些凶猛的武器让它们不会轻易地成为侏罗纪时期掠食者们的猎物，比如那些可怕的角鼻龙。

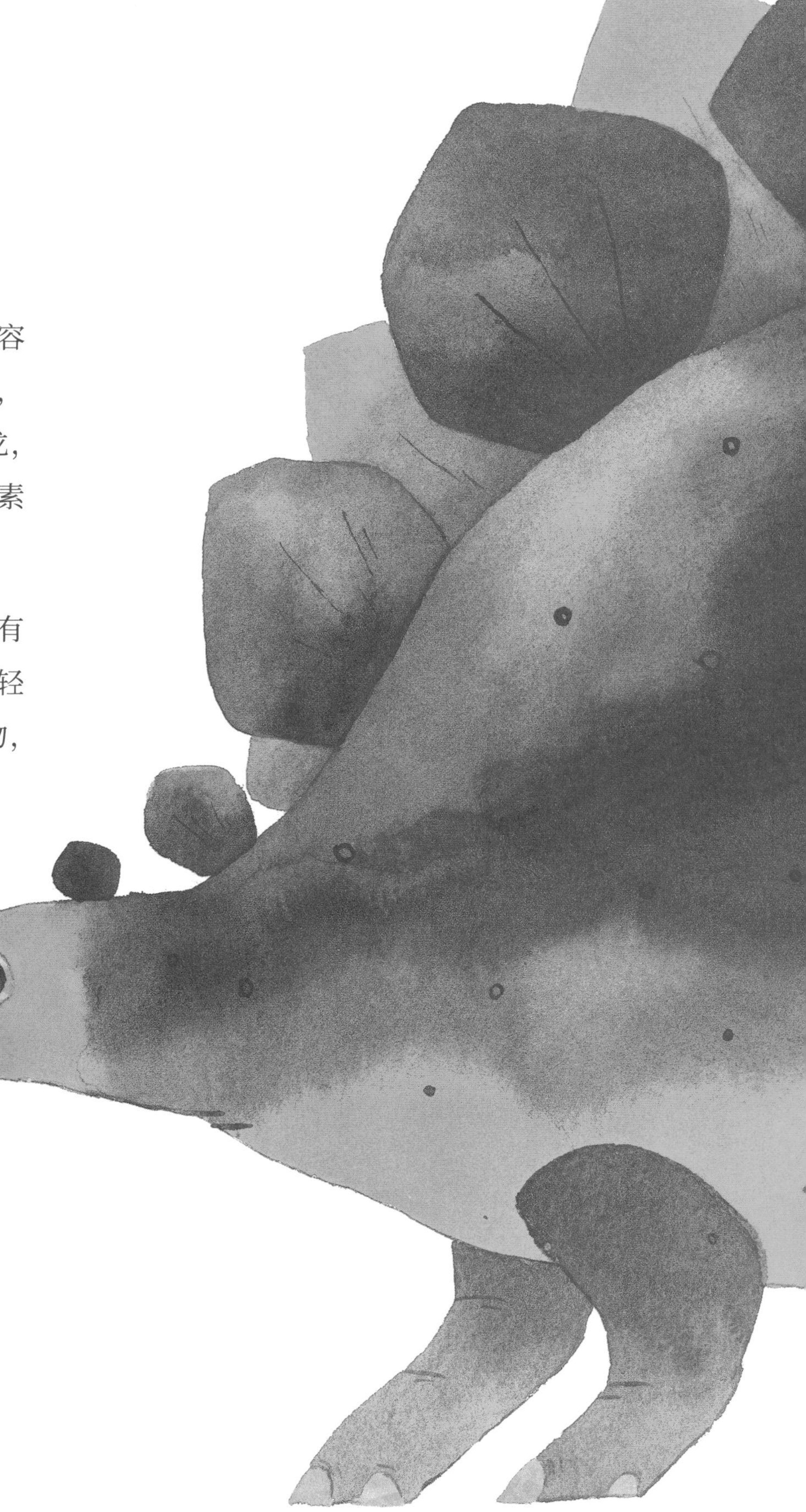

翼手龙

翼展：约 1—1.5 米
体重：约 1—5 千克
时代：侏罗纪晚期
食性：肉食、鱼食

翼指龙是翼龙家族中常见的一个名称，这种飞行生物主宰了侏罗纪时期的天空。翼手龙是翼指龙的一种，它们的大小还不到数百万年后白垩纪时期的巨型翼龙的一半。尽管如此，翼手龙仍然可以进行流线飞行，它们翅膀的外形与现代鸟类的翅膀类似，不同的是，它们的翅膀是由从腋窝、手腕和手指延展出的皮膜构成的。真是太巧妙了！

蛙颌翼龙

翼展：约 50 厘米
体重：约 150 克
时代：侏罗纪晚期
食性：虫食

蛙颌翼龙是翼龙家族的成员，它们独特的小脑袋只有 4.8 厘米长，长得十分夸张，会让人觉得它们的基本构造就是翅膀上长了个脑袋。这些“袖珍火箭”并不比一只画眉大多少，它们有一张扁扁的宽大嘴巴，其构造是为了能够在潮湿的侏罗纪沼泽上空捕捉大而多汁的昆虫。嗯，嘎吱，嘎吱，味道可真香啊！

圆头龙

体长：约 1.8 米
体重：约 250 千克
时代：白垩纪晚期
食性：草食

到了白垩纪晚期，恐龙已经演化出各种奇特的附属物和盔甲。比如，这种戴着龟壳头盔，显得笨头呆脑的圆头龙，难怪它学名的意思是“球和圆顶”。人们认为，圆头龙的“头盔”是它们作为打击野蛮攻击者的武器。当遇到危险的时候，它们会用头撞击敌人。还有一种假设，它们用圆头互相撞击，争夺种内的霸主地位。

冰脊龙

体长：约 6 米
体重：约 350 千克
时代：侏罗纪早期
食性：肉食

侏罗纪早期就已经很流行色彩鲜艳的头冠了。有一种名叫“冰冻顶冠蜥蜴”的大型肉食性恐龙，名字指的就是它的头冠——这可不是它去理发店做的发型！冰脊龙的化石虽然是在南极被发现的，但这并不意味着它是一个寒冷气候下的猎手。恐龙生活在很久以前，那时的大陆形状和现在不同。当时南极洲的位置比现在更靠北，阳光充足，是冈瓦纳古陆的一部分。几亿年的时间竟能产生如此巨大的变化，实在是令人惊奇的事情。

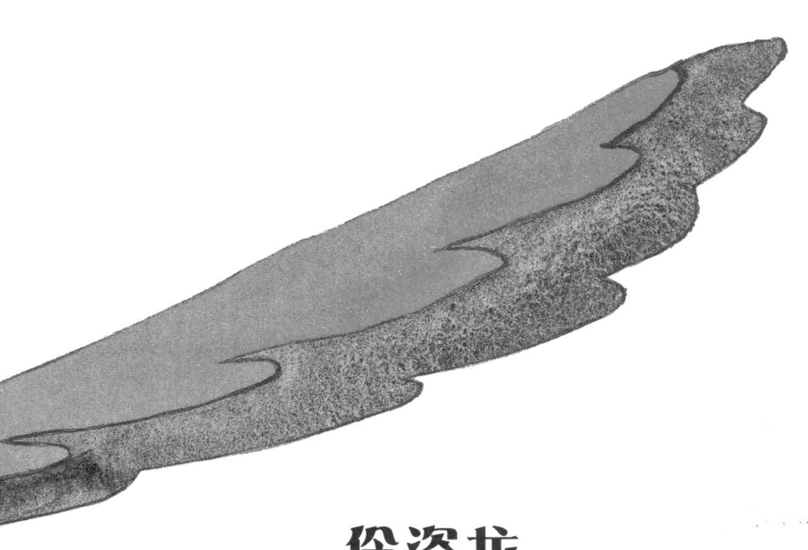

伶盗龙

体长：约 2 米
体重：约 15 千克
时代：白垩纪晚期
食性：肉食

许多人对一些恐龙的外表和行动方式持不同意见，其中分歧最大的要数著名的伶盗龙了。人们很容易把它们想象成能够击败巨大的蜥脚类恐龙的“狂暴蜥蜴”，但它们的外形可能更像是奇形怪状的鸟类——这种奇怪的“鸟”，只有火鸡那么大，但长有火鸡不具备的锋利牙齿，每只长有羽毛的脚上还有一只能够将猎物开膛破肚的爪子。这些锋利的武器，以及用来平衡身体的长尾，使伶盗龙及其族群成为了可怕的捕食者。想象一下，在野外被一群花哨的“火鸡”伏击该是多么悲惨的遭遇啊！

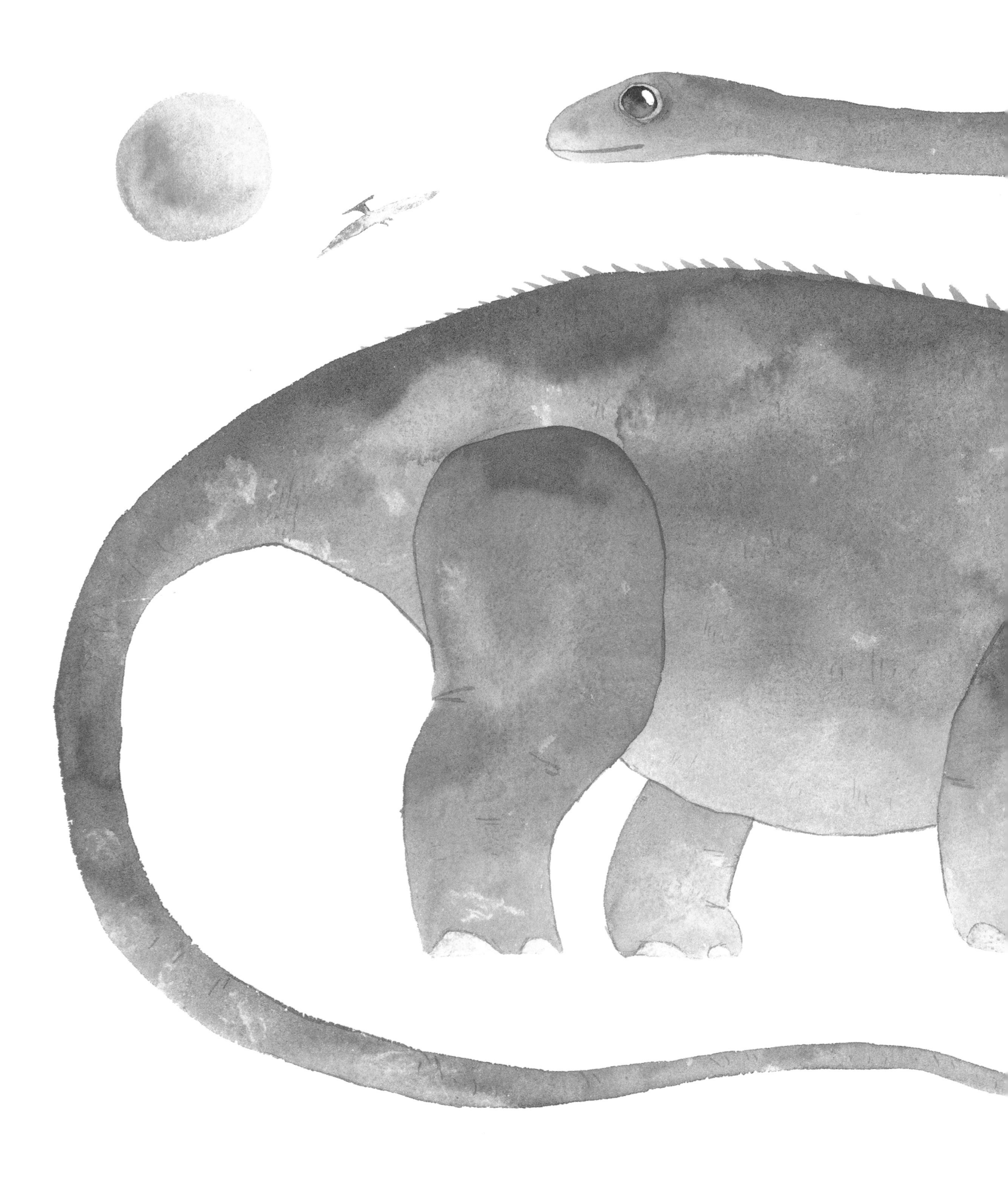

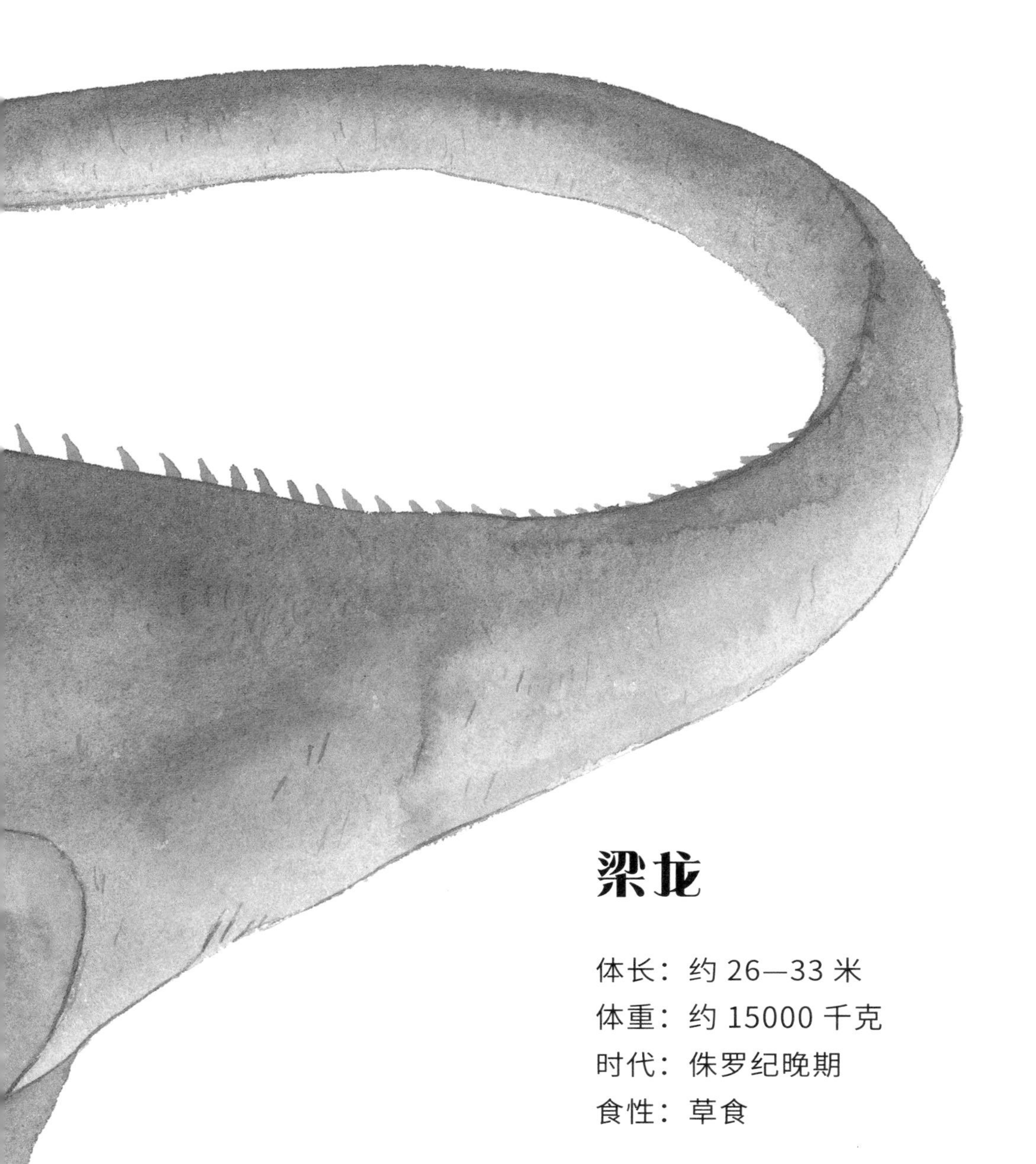

梁龙

体长：约 26—33 米
体重：约 15000 千克
时代：侏罗纪晚期
食性：草食

我们要介绍的梁龙是长颈蜥脚类恐龙，它有实力成为有史以来最著名的恐龙之一。19 世纪 70 年代末，美国首次发现了这个来自侏罗纪时期的大家伙。

梁龙的身体大约有 26—33 米长，脖子细长，尾巴可以像牛仔的皮鞭那样鞭退敌人。难怪发现它的时候，维多利亚时代的英国人和美国西部的美国人会感到异常兴奋。梁龙的长度比三辆紧挨着的公共汽车还要长，被认为是地球上最大的陆上生物（直到 100 年后有人挖出了一根成年人大小的阿根廷龙的股骨）。

葡萄园龙

体长：约 15 米
体重：约 2500 千克
时代：白垩纪晚期
食性：草食

巨龙是白垩纪晚期在全世界范围内繁衍生息的大型蜥脚类恐龙，而葡萄园龙是其中最小的种类之一。

这些恐龙因在欧洲——尤其在法国被发现而闻名，人们给它起了“葡萄园蜥蜴”的绰号。和它庞大的表亲——阿根廷龙一样，葡萄园龙也有刺状骨板——这也许是这一时期它们对抗致命威胁所必需的防护用具。

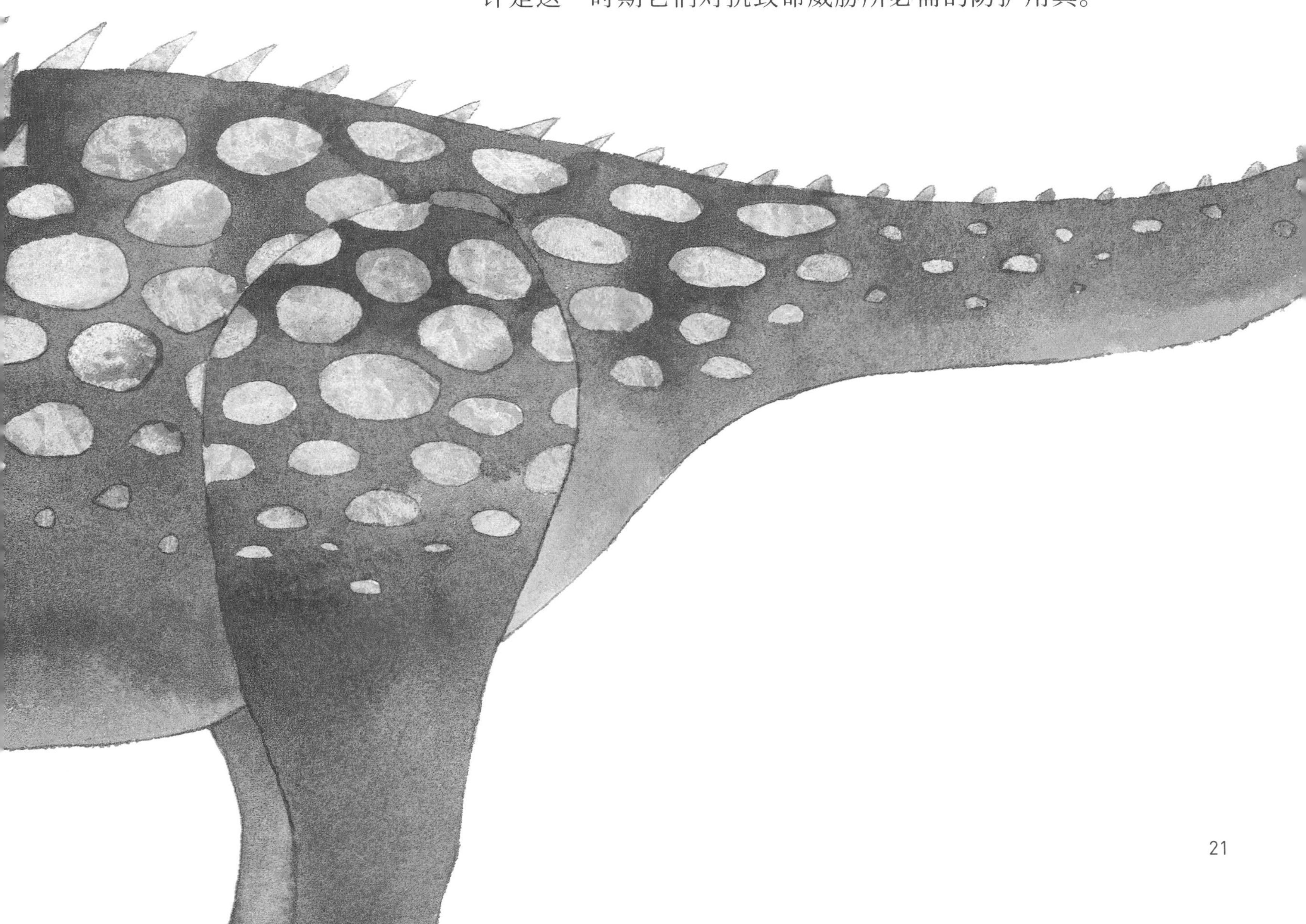

沙洛维龙

体长：约 20 厘米
体重：约 8 克
时代：三叠纪中期
食性：杂食

它是恐龙的一种爬虫类表亲。与后来的前肢有翼的翼龙相比，它在飞行方面有独特的表现。沙洛维龙用有翼膜的后肢当作翅膀，这一独特之处可能和这种生物同时终结——只发现一组化石。啪嗒！[①]

① 译注：作者意在调侃，这种恐龙飞着飞着飞不动了，掉到地上摔死了，因而灭绝了。

鱼龙

体长：约 1—16 米
体重：约 1—5000 千克
时代：三叠纪早期到白垩纪中期
食性：肉食、鱼食

五亿年前，鱼进化出了四肢，呼吸空气，离开海洋。这些鱼进化成的爬行动物中，有一两种可能是在陆地上感到很无聊，然后又回到了开阔的海洋，发展成了鱼龙和其他的水下爬行动物。这些三叠纪、侏罗纪和白垩纪时期的游泳天才与鲨鱼和海豚没有关系，尽管它们有着非常相似的经典形态。

犹他盗龙

体长：约 6 米
体重：约 1000 千克
时代：白垩纪早期
食性：肉食

犹他盗龙因其化石在美国犹他州被发现而得名。它比伶盗龙家族的其他成员更大、更坏、更丑。犹他盗龙站起来大约有 2 米高，6 米长，威风凛凛，块头是其近亲的三倍。同时它还长有羽毛、可怕的牙齿和爪子。犹他盗龙镰刀状的趾爪几乎和这本书一样大！这个怪兽，为力量而生，结实而强壮，还很迅捷和狡猾。

因此，如果你发现自己要面对一只犹他盗龙的话，你应该选择逃跑（或把头埋在沙子里，祈祷它会离开）！

禽龙

体长：约 10 米
体重：约 8300 千克
时代：白垩纪早期
食性：草食

19 世纪初，在英格兰南部发现的巨大禽龙约有 10 米长，这是第一只得到科学确认的恐龙。到了 19 世纪 80 年代，禽龙极大地激发了公众的想象力，成为世界上最著名的恐龙之一。

在它被发现后的最初几年里，禽龙的拇指尖爪一直是一个谜。人们开始认为，它的尖爪长在鼻子上，就像犀牛一样[①]。现在人们则认为，这可能是一种协助进食的工具或是一把应急的“匕首”。

① 译注：犀牛鼻子上长角。

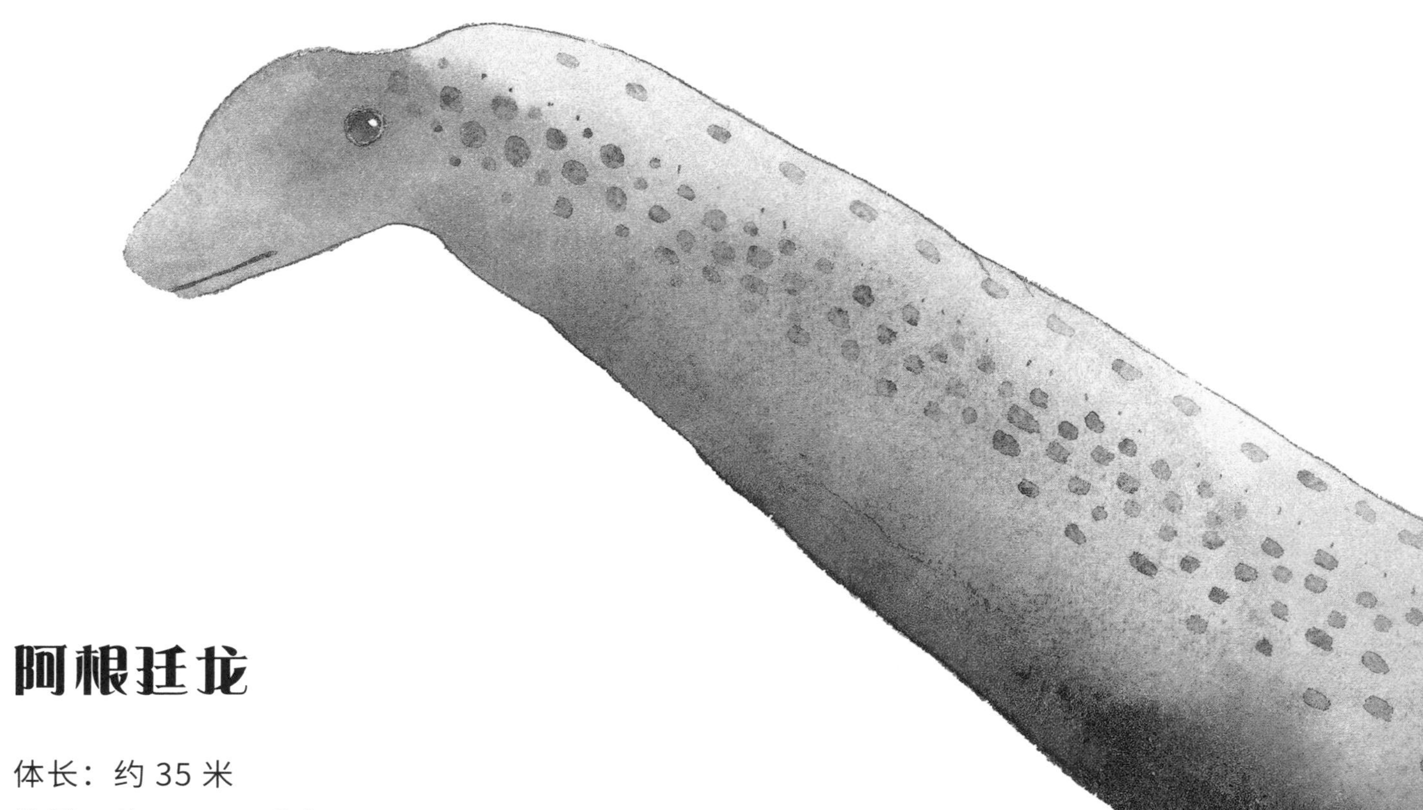

阿根廷龙

体长：约 35 米
体重：约 70000 千克
时代：白垩纪晚期
食性：草食

1987 年，阿根廷出土了一件巨大的珍宝——骨头之大，完全改写了历史。就像早期的蜥脚类恐龙一样，巨龙家族包含了一些有史以来发现的最大的素食恐龙，而阿根廷龙就是其中最大和最重的恐龙之一。它的体长大约有 35 米，打破了所有已发现的恐龙化石的纪录。这只恐龙比一群大象还重！它们势不可挡，平静地压过地面，将森林夷为平地。

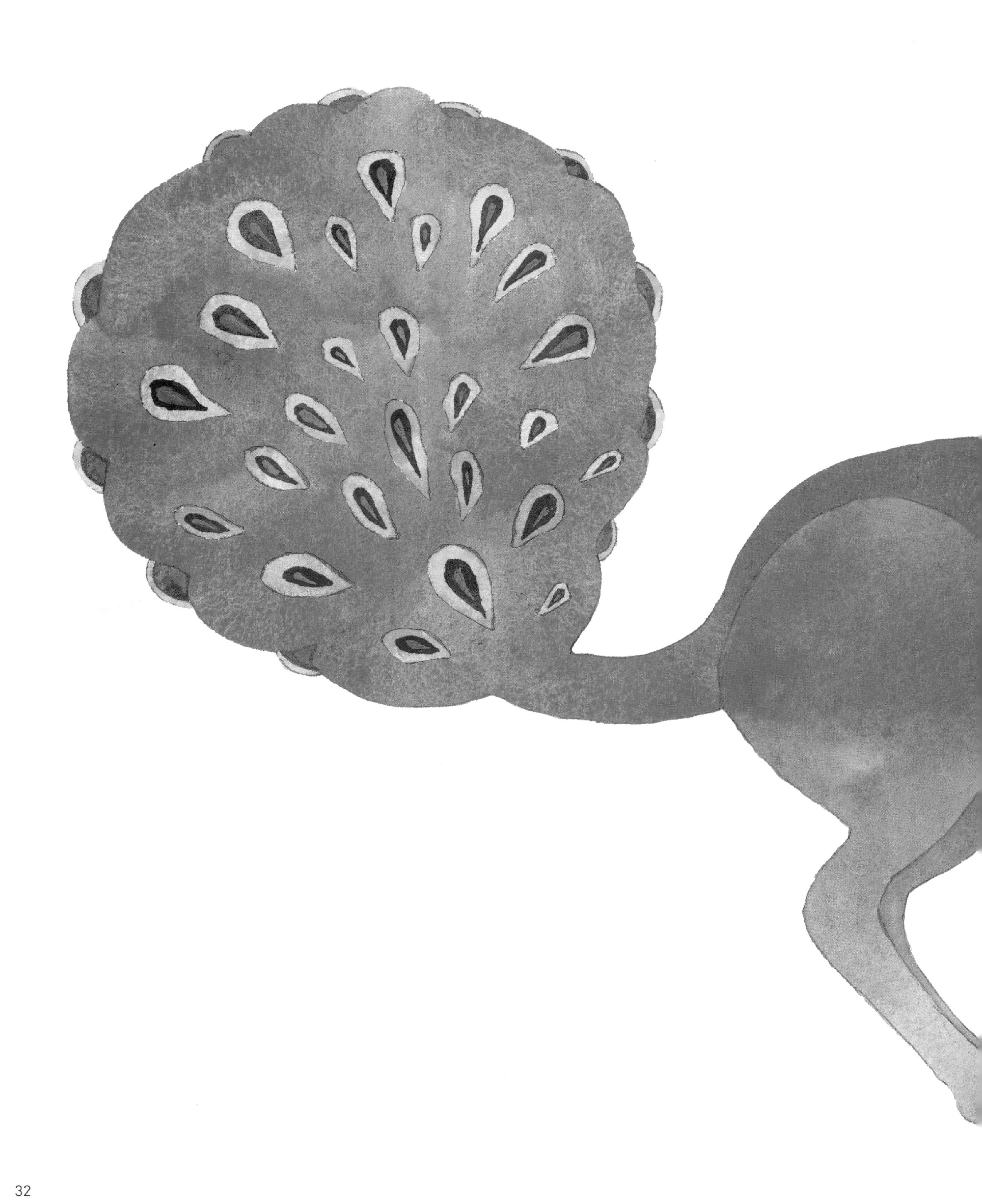

天青石龙

体长：约 1.6 米
体重：约 37 千克
时代：白垩纪晚期
食性：杂食

白垩纪的岩床出现了许多具有鸟类特征的恐龙，如盗蛋龙科。盗蛋龙科与现在我们所知的一些不会飞的大鸟非常相似——澳大利亚的鹤鸵甚至还有一个明亮的角质冠和类似伶盗龙的爪子！

天青石龙还有另一个令人惊叹的鸟类特征——精巧的羽毛扇。它的作用可能是为了求爱，像孔雀一样；或为了恐吓，像猫头鹰那样。但天青石龙的羽毛要比孔雀或者猫头鹰的羽毛大得多。当天青龙的羽毛扇展开，该是一幅多么壮观的景象！

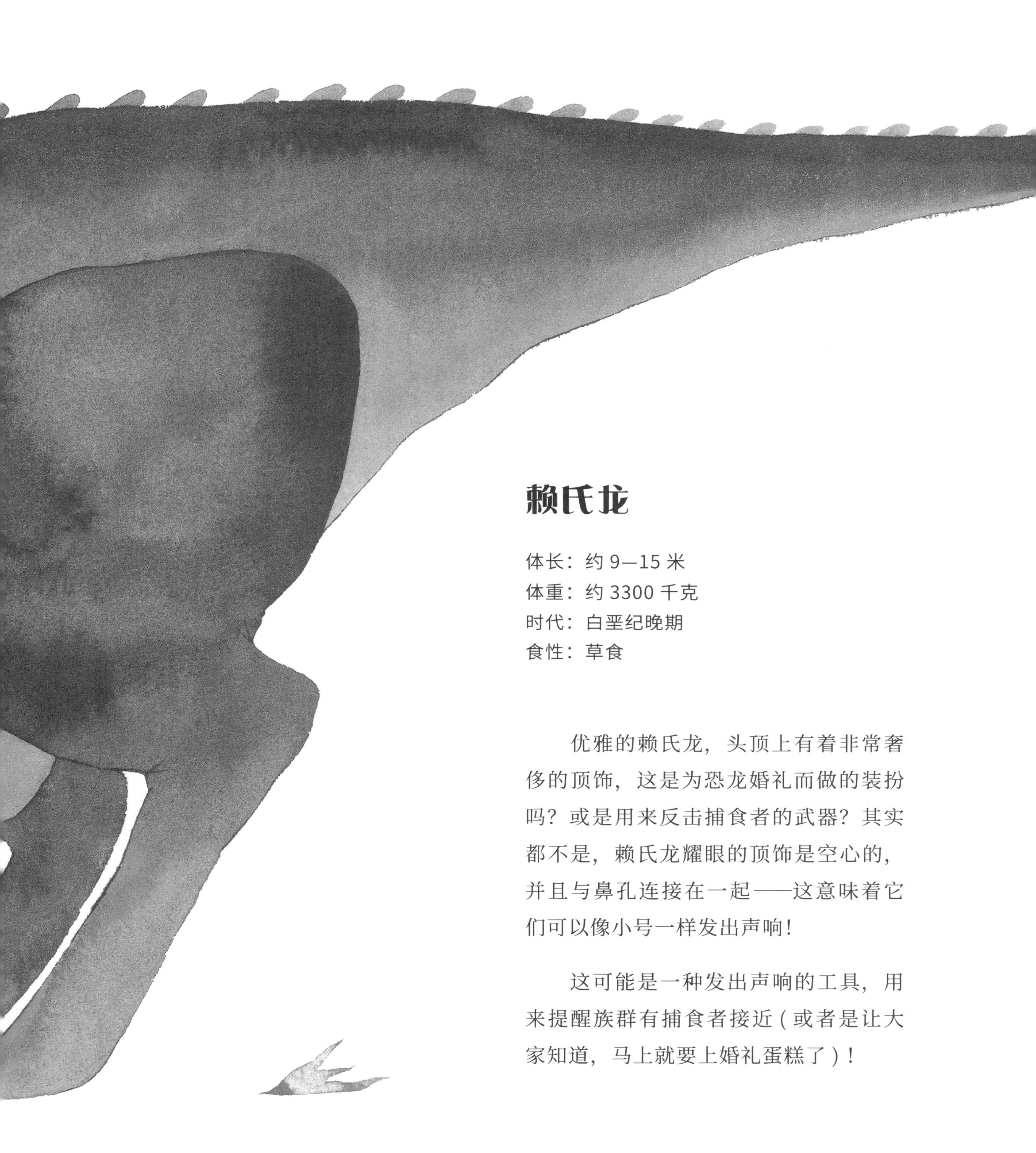

赖氏龙

体长：约 9—15 米
体重：约 3300 千克
时代：白垩纪晚期
食性：草食

优雅的赖氏龙，头顶上有着非常奢侈的顶饰，这是为恐龙婚礼而做的装扮吗？或是用来反击捕食者的武器？其实都不是，赖氏龙耀眼的顶饰是空心的，并且与鼻孔连接在一起——这意味着它们可以像小号一样发出声响！

这可能是一种发出声响的工具，用来提醒族群有捕食者接近（或者是让大家知道，马上就要上婚礼蛋糕了）！

阿马加龙

体长：约 12 米
体重：约 11000 千克
时代：白垩纪早期
食性：草食

阿马加龙是蜥脚类恐龙中的怪胎，它比祖先晚出现数百万年，比祖先要矮得多。它背上长有一组邪恶的长棘，这难道是为了免受捕食者的侵害而长出来的额外防护吗？阿马加龙的背上还有一排帆状物，也许是为了炫耀或者调节体温。有人提出，帆状物可以延展到脖子两侧——起风的时候，你的头被吹来吹去，一定很难集中精力吃树叶吧！

三角龙

体长：约 8—9 米
体重：约 14000 千克
时代：白垩纪晚期
食性：草食

三角龙长着像剑一样的角和巨大的骨质颈盾，这使它成为白垩纪时期最具辨识度的恐龙之一。然而，三角龙只不过是众多外貌相似的角龙家族中的一员，该家族还包括犹他角龙和野牛龙（第 40—41 页）等。

多年来，人们一直认为，骨质颈盾是抵御袭击的一种防御措施。现在，人们认为它可能只是一种装饰。就像鹿角一样——华丽的鹿角既可以用来抵御捕食者，又可以用来吸引雌性的注意。角龙家族的头骨化石展示了许多不同类型的角龙头饰，比如野牛龙向下的鼻角，犹他角龙奇怪的弯角——其学名的意思是“弯曲的剑”，犹他角龙直到 2016 年才被发现。天知道还有什么样的恐龙等着我们发现呢！

犹他角龙[1]

体长：约 6—8 米
体重：约 2000—2500 千克
时代：白垩纪晚期
食性：草食

① 译注：Machairoceratops，2016 年发现于美国犹他州，属于角龙科。国内暂无统一译名，本书暂译为“犹他角龙”。

野牛龙

体长：约 4.5—6 米
体重：约 2000—3000 千克
时代：白垩纪晚期
食性：草食

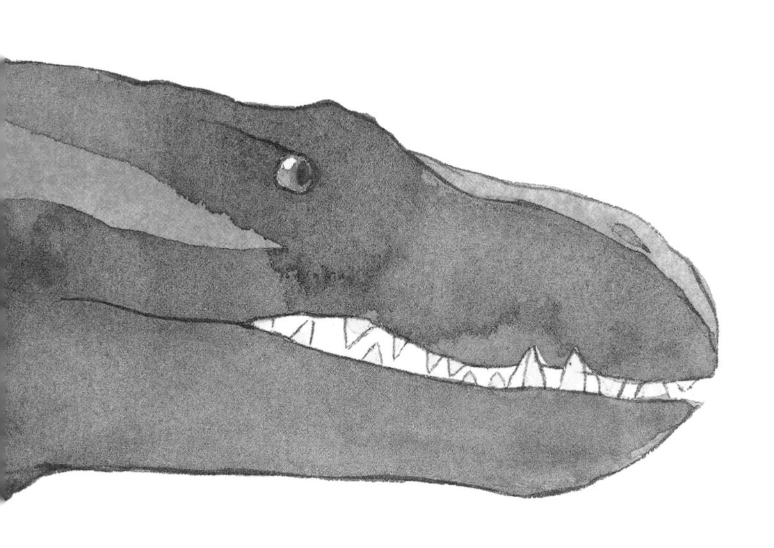

霸王龙

体长：约 12 米
体重：约 8000 千克
时代：白垩纪晚期
食性：肉食

食肉动物和恐惧之王——霸王龙无疑是恐龙中的王族，也许是有史以来最著名的恐龙。被大家熟知的霸王龙如同一台来自现代北美的杀戮机器。作为暴龙超科（“暴君蜥蜴”）家族的集大成者，这个强大的捕食者进化出了巨大的能够压碎骨头的下颌，它的一颗牙齿足有这本书这么大。

但是后来，一颗小行星出现了，让更像鸟的恐龙接管了王位！

补充：有一种叫南方巨兽龙的恐龙同样可怕。它在霸王龙出现前的 3000 万年就已经在南美洲游荡了。这种恐龙大约有 12 米长，这个巨大的两足肉食性恐龙可能也影响到了霸王龙的块头！

羽暴龙

体长：约 9 米
体重：约 1400 千克
时代：白垩纪早期
食性：肉食

令人恐惧的霸王龙长有羽毛吗？2012 年，中国发现“长着羽毛的霸王龙”的羽暴龙，证明了这个奇怪的理论是正确的！这只大约 9 米长的怪物化石显示出完整的羽状覆盖物，由于它的年代早于著名的霸王龙，所以它们可能共有这一进化的特征。

或许是因为中国所在地比霸王龙所在的美国地盘还要冷，所以它需要一件“羽绒外套”来保暖。

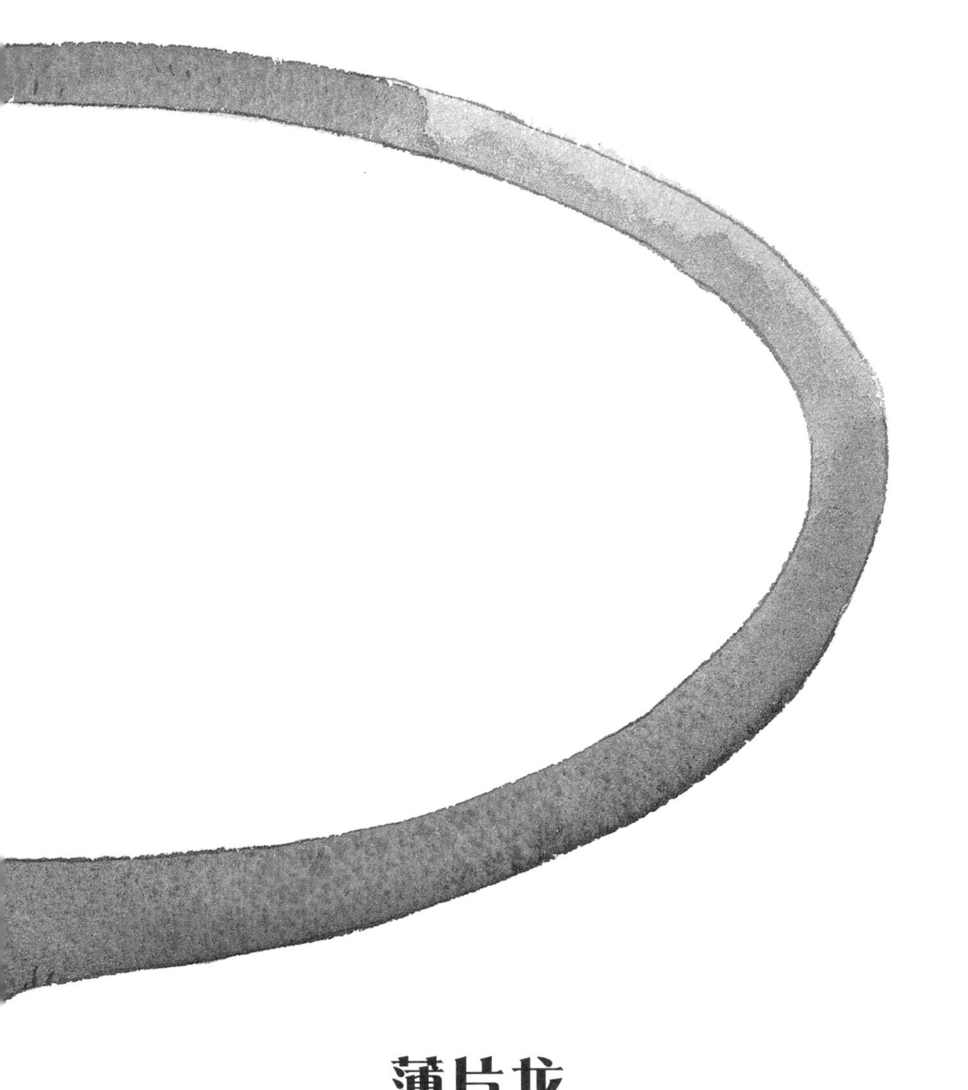

薄片龙

体长：约 10 米
体重：约 2000 千克
时代：白垩纪晚期
食性：肉食、鱼食

薄片龙的经典轮廓为恐龙爱好者所熟知。有趣的是，它们不是恐龙，而是蛇颈龙类！这种独特的形状是蛇颈龙类的特征，白垩纪晚期的薄片龙就是一个很好的例子。

它是一个游泳健将，游速快，强有力的鳍状肢起到了划桨的作用，超长的脖子用来捕捉近岸的鱼。所以它更像是一艘靠近海滩的快艇，而不是一艘远在大海中央的鲸状战舰。

似鸸鹋龙

体长：约 3.5 米

体重：约 130 千克

时代：白垩纪晚期

食性：杂食

像似鸸鹋龙这样的生物，使我们更容易了解鸟类和恐龙之间的联系。这种恐龙是鸵鸟模样的似鸟龙类家族的一支——它们羽毛精美，跑动速度都很快。

它们的速度可以超过 72 千米每小时，所以很容易逃离捕食者的追击。此外，它们还可以用大大的眼睛和喙发现并捕捉速度很快的蜥蜴。那些可怜的蜥蜴没有一线生机。

妖精翼龙

翼展：约 5 米
体重：约 20—35 千克
时代：白垩纪早期到中期
食性：肉食、鱼食

古神翼龙

翼展：约 3.5 米
体重：约 40 千克
时代：白垩纪早期到中期
食性：肉食、鱼食

侏罗纪晚期和白垩纪早期，在海边的天空中，会像今天一样飞满各种生物。与我们现在所见的鸟类不同，这两种鸟没有羽毛，只有从手指和手臂延展出来的皮膜和令人惊叹的骨质头饰。妖精翼龙和古神翼龙可能都有可以改变颜色的顶饰，也许是为了求爱所用。它们的颜色看起来肯定比现在的白鸥鲜艳得多。不过，它们的翼展最宽可达 5 米，更具威胁性。

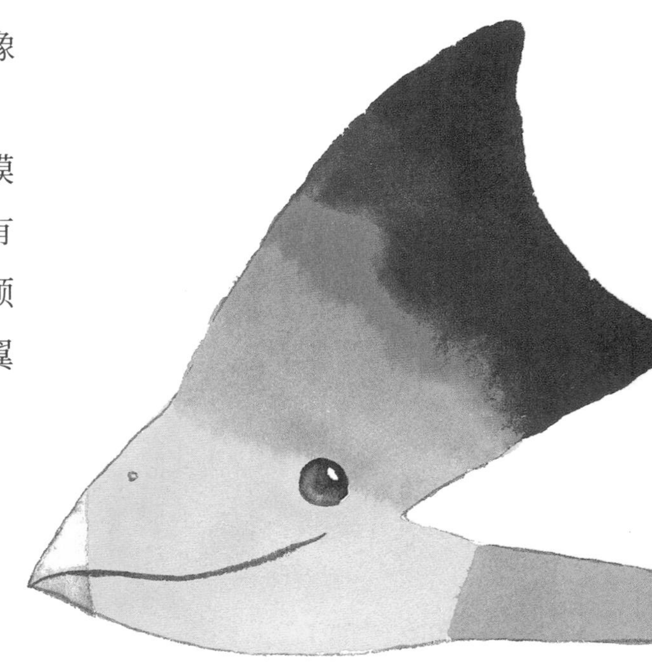

营山龙

体长：约 4—5 米
体重：约 1000—1400 千克
时代：侏罗纪晚期
食性：草食

这种恐龙是剑龙的祖先。背部长有骨板的剑龙生活在世界各地，在中国就发现了许多种类——比如营山龙和其近亲沱江龙。营山龙长有令人印象深刻的肩刺，这个引人注目但笨拙的外观，没能让营山龙在侏罗纪晚期的“时尚季”上展露风采！

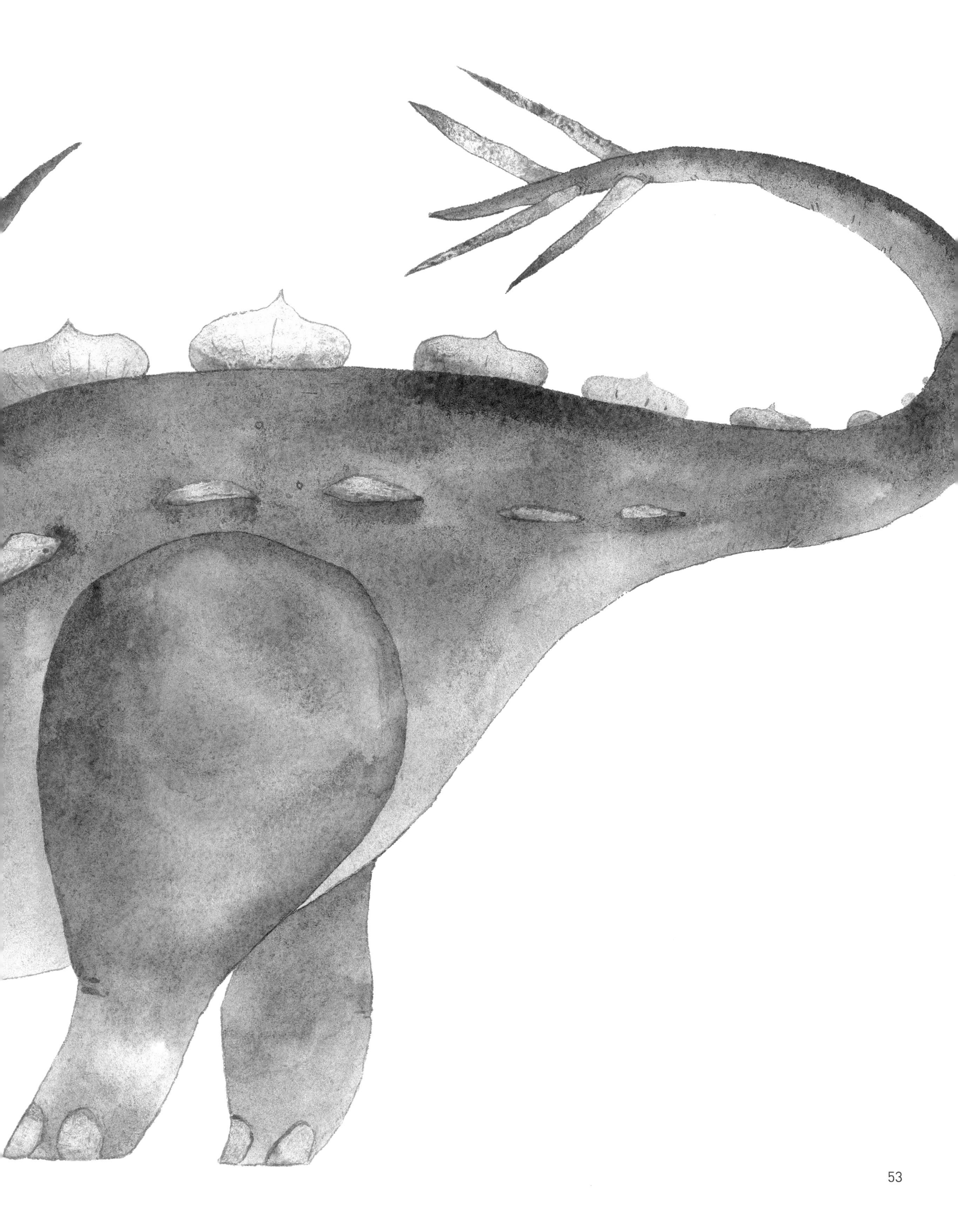

腕龙

体长：约 26 米
体重：约 56000 千克
时代：侏罗纪晚期
食性：草食

生活在侏罗纪时期的腕龙当然不是最大的蜥脚类恐龙，但它却长有奇长的前肢，这意味着它的整个身体会沿肩部向后倾斜。

腕龙的家庭成员有一些长得很像，其中一些还有非常奇怪的名字，比如超龙和长颈巨龙——它们真的是名副其实的巨型恐龙！

伤齿龙

体长：约 2.5 米
体重：约 50 千克
时代：白垩纪晚期
食性：杂食

伤齿龙生活在白垩纪时期，它长有尖爪和羽毛，奔跑迅速，眼睛朝前——便于用双眼观察猎物。伤齿龙特别聪明，因为它的脑袋很大——被认为是所有恐龙中，脑容量与体型之比最大的恐龙。但我们知道，伤齿龙的大脑和一个鸡脑差不多，所以我们可以放心，这些“鸟”并不是真正的智者！

始祖鸟

体长：约 30 厘米
体重：约 300—500 克
时代：侏罗纪晚期
食性：肉食

1861 年，在德国发现的一块 1.5 亿年前的羽毛化石引发了学界多年的科学争论，它甚至在达尔文的进化论中也发挥了重要作用。始祖鸟有喜鹊那么大，除了拥有恐龙的牙齿、尾巴和爪子之外，它就像鸟一样。所以，它在解释从恐龙到鸟类进化的过程中，扮演着重要的角色。

在很长一段时间里，始祖鸟甚至被认为是已知最古老的鸟类。但最近在中国发现的近鸟龙，可能要替代这个名头，近鸟龙是一种恐龙或鸟（仍在争论中），比始祖鸟早 1000 万年。

鹦鹉嘴龙

体长：约 2 米
体重：约 10 千克
时代：白垩纪早期
食性：草食

近年，在中国发现了一块鹦鹉嘴龙的化石，因其具备它所处时期恐龙的典型特征而引起了相当大的轰动。化石的软组织样本显示出了皮革般的鳞片状皮肤——背部颜色较深，腹部颜色较浅——以及尾部奇怪的鬃毛状羽毛。凭借这个标本，我们就可以对恐龙的颜色和外观有更进一步的了解。

肿头龙

体长：约 4 米
体重：约 370 千克
时代：白垩纪晚期
食性：草食

除了厚厚的圆顶头骨，温和的肿头龙还进化出了由棘状和针状突起组成的“王冠”。这些看上去恐怖的装饰让幼年的肿头龙有了另一个名字——冥河龙（“死亡之河中有角的魔鬼”，如图所示）。它们长大后，就失去了角。

直到最近，还有人认为冥河龙和肿头龙是不同的恐龙。但更有可能的是，它们是一种恐龙的不同生长阶段——包括幼年的霍格沃茨目帝王龙[①]（“霍格沃茨的龙王”）！

神奇的生物，神奇的名字！

① 译注：2006 年新发现的一种恐龙化石，被命名为霍格沃茨目帝王龙（Dracorex hogwartsia）。霍格沃茨魔法学校来源于 J.K. 罗琳的《哈利·波特》系列小说。有衍生电影《神奇动物在哪里》（*Fantastic Beasts and Where to Find Them*）。故作者在最后连用“fantastic”（神奇的）一词。

长颈龙

体长：约 6 米
体重：约 140 千克
时代：三叠纪中期
食性：肉食、鱼食

别以为这是个友善的梁龙宝宝，它可是一只危险的成年捕鱼高手。长颈龙的体长约 6 米，整个身体几乎全是脖子。在相当于今日中国或意大利的海岸线上，它会像苍鹭一样等着，然后突然移动，捕捉从面前游过的鱼。这条超长的脖子对在水下捕食滑溜溜的鱼来说是很方便的。

重爪龙

体长：约 9 米
体重：约 2900 千克
时代：白垩纪早期到中期
食性：肉食、鱼食

20 世纪 80 年代，在英格兰南部，人们发现了一组与众不同的骨头化石，其中包括一个窄扁的如同鳄鱼一样的头骨，上面布满尖尖的牙齿，还有一只巨大的爪子，那是它的拇指，这种恐龙也因此得名。虽然它们与 7000 万年前的鳄鱼没有关系，但它们有很多共同之处，比如捕鱼的能力。那些英国的重爪龙化石在出土时，腹中居然还有鱼——可惜没有薯条！[1]

---

① 译注：作者此处调侃英国的典型饮食：炸鱼薯条。

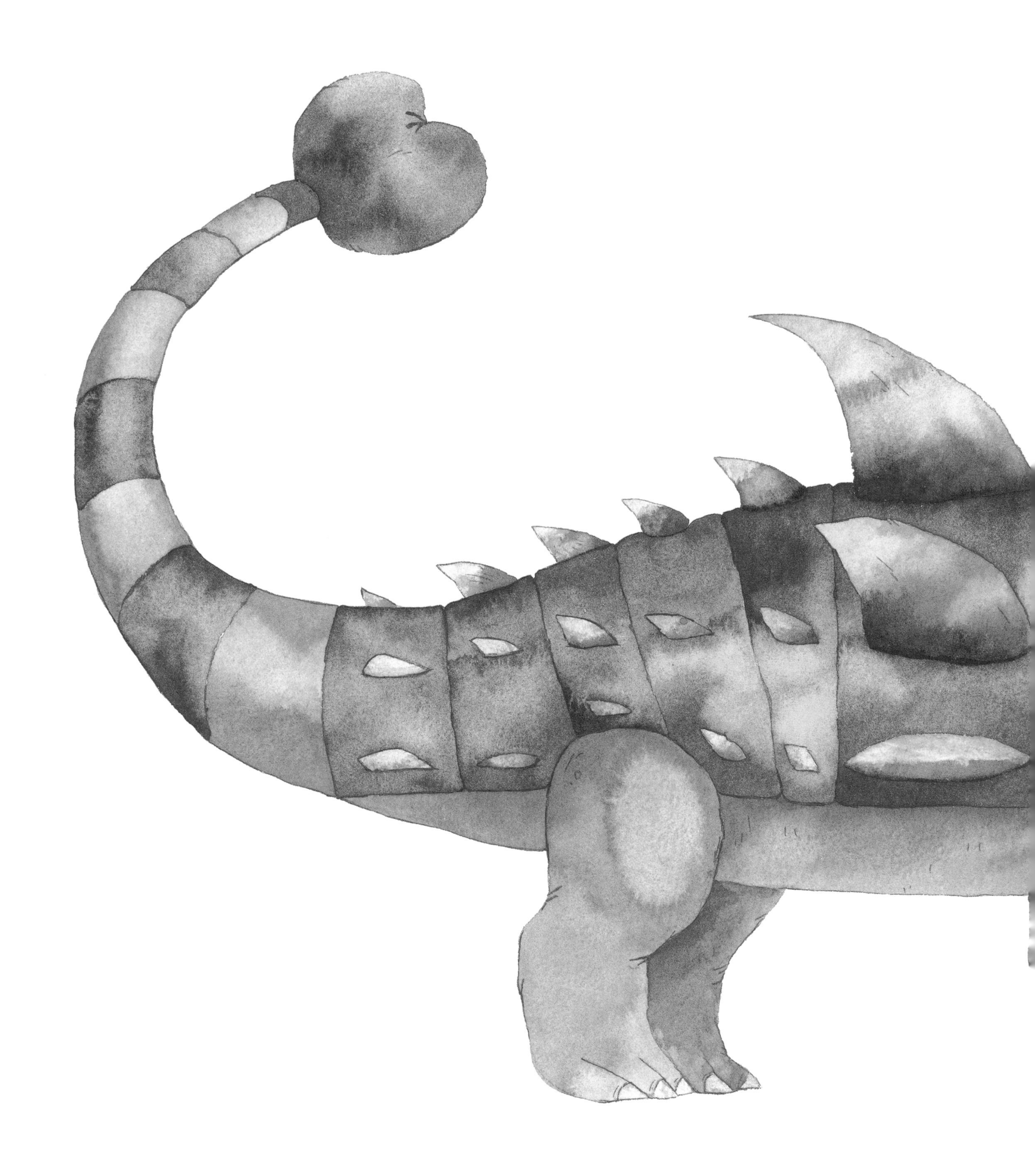

包头龙

体长：约 5—7 米
体重：约 2300 千克
时代：白垩纪晚期
食性：草食

没人能确切地说出包头龙的颜色，所以这个色调可能不会那么准确！

你必须承认，即使没有花哨的配色，包头龙也是一只非常酷的恐龙，它武装到了牙齿，随时准备迎敌。作为甲龙家族的一员，它们都有布满巨大尖刺的骨板，还摆动着一条巨大的尾巴，尾巴末端就像系了一块坚硬的石锤一样。它绝对是可以保护你的家伙。当你去商店时，如果遇到不讲理的霸王龙，包头龙一定会为你两肋插刀！

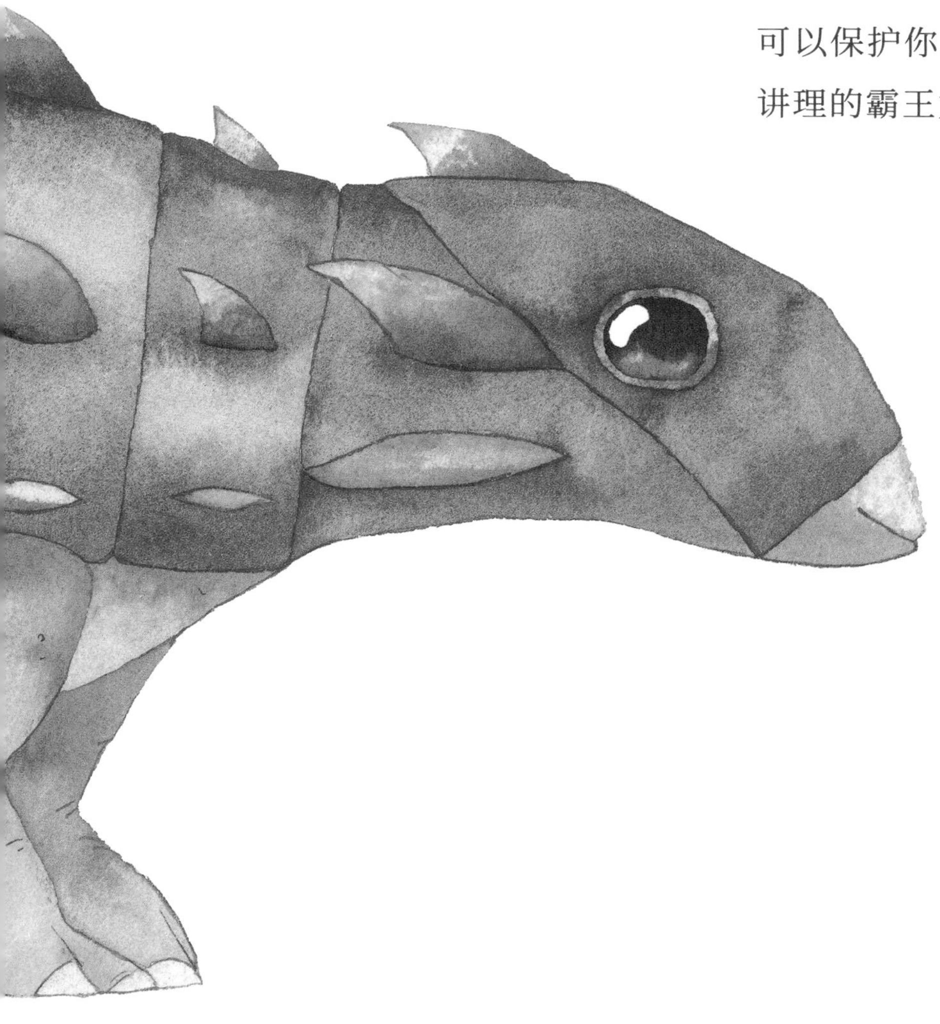

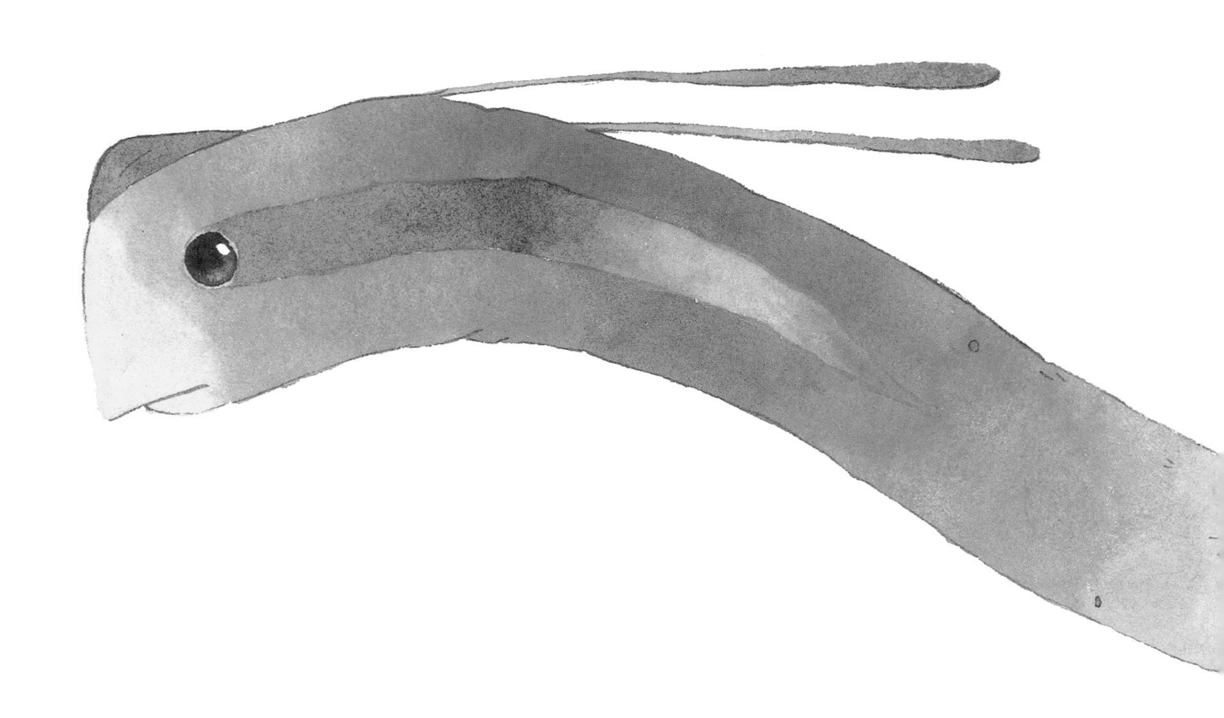

可汗龙

体长：约 1.8 米
体重：约 26 千克
时代：白垩纪晚期
食性：杂食

像天青石龙一样，这种怪兽也是古怪的盗蛋龙科的一员，主要发现于中国和蒙古。盗蛋龙科都有长长的羽状尾巴、带羽毛的手臂和身体，以及无齿的喙。可汗龙学名的意思是“首领”，它看起来不像任何传统的恐龙，而更像是一只撞到墙的走鹃。

欧罗巴龙

体长：约 6 米
体重：约 1000 千克
时代：侏罗纪晚期
食性：草食

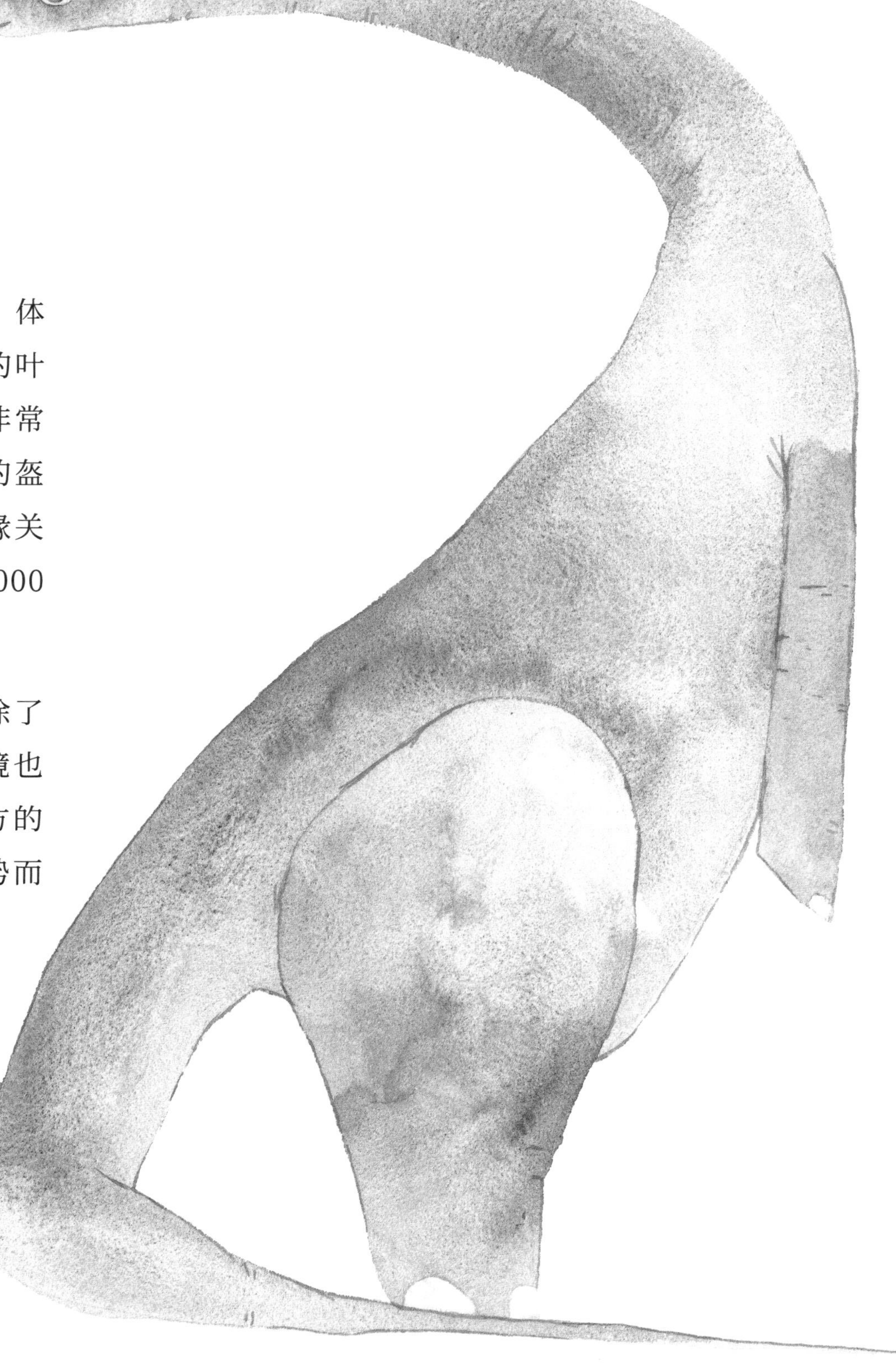

这两只小蜥脚类恐龙，体长都不超过 6 米，很多树的叶子它们都很难够到。它们非常相似，但马扎尔龙有精细的盔甲（显示了它和巨龙的血缘关系），两者生存年代相差 5000 万年。

它们在小岛上生活。除了体型小之外，它们所处环境也有一些共同之处。这些地方的食物有限，所以它们才逆势而行，保持较小的体型。

马扎尔龙

体长：约 6 米
体重：约 750 千克
时代：白垩纪晚期
食性：草食

龙盗龙

体长：约 2—3 米
体重：约 10—20 千克
时代：侏罗纪早期
食性：肉食

龙盗龙可能是这本书里讲到的最新发现的恐龙之一，因为第一批龙盗龙化石是 2014 年被两个“化石猎人”兄弟在威尔士海岸发现的。兄弟俩向世界展示了一只侏罗纪时期年龄只有十几岁的恐龙化石，这只恐龙距今已经有 2 亿多年的历史了。兄弟俩用拉丁语“Draco（龙）”的名字向威尔士龙[2]致敬。

太棒了，真的有龙在威尔士的山谷里游荡过！

① 译注：威尔士国旗上有红龙，出自古代凯尔特传说。

沧龙

体长：约 17 米
体重：约 5000 千克
时代：白垩纪晚期
食性：肉食

龙王鲸

体长：约 18 米
体重：约 7000 千克
时代：始新世晚期
食性：肉食

白垩纪晚期的海洋是一些最大和最可怕生物的家园，这些生物的活动范围接近我们现在的航道。鱼龙时代之后的数百万年，出现了新的危险生物，包括沧龙——一种凶残的掠食者，它一部分看着像鳄鱼，还有一部分看着像鲨鱼。这种可怕的野兽大约有 17 米长，是现在大白鲨体长的三倍。

更年轻，但同样可怕的龙王鲸起初被认为是某种恐龙，但它其实是鲸鱼的早期祖先，是一种哺乳动物，而沧龙是一种爬行动物。

巨大的龙王鲸是当时的顶级猎手，有点像现在的虎鲸，但体型却是后者的三倍。龙王鲸的下颌甚至可以咬断船锚。

南翼龙

翼展：约 2.5 米
体重：约 5 千克
时代：白垩纪早期
食性：肉食

正如我们所看到的，白垩纪的翼龙已经发展出各种奇怪的附加物和附体。就像今天的鲸鱼和火烈鸟一样，南翼龙的下颌骨布满刷子一样的牙齿，可能是用来过滤海水中的微小生物。考虑到南翼龙和火烈鸟相似的饮食习惯，有人认为南翼龙是粉色的。

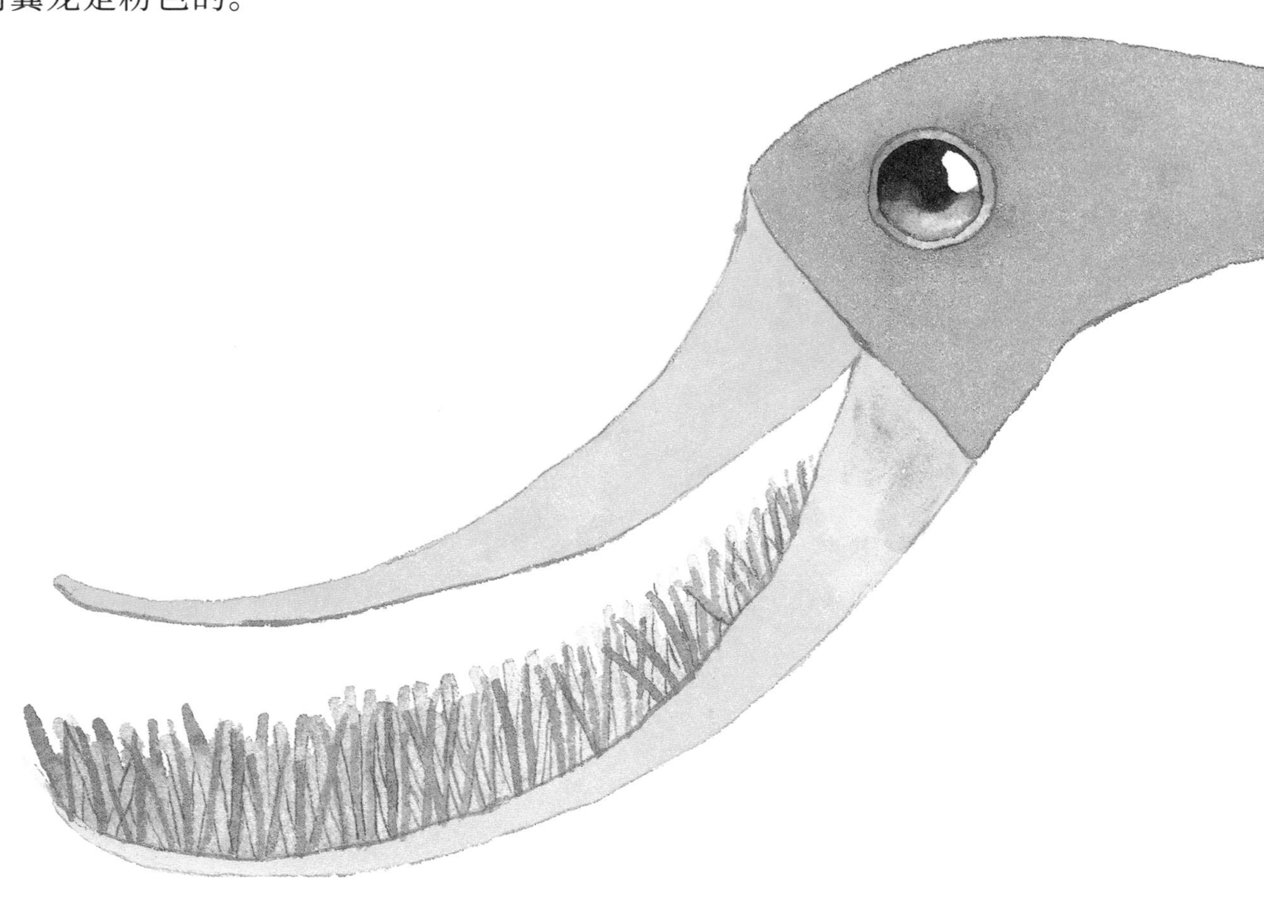

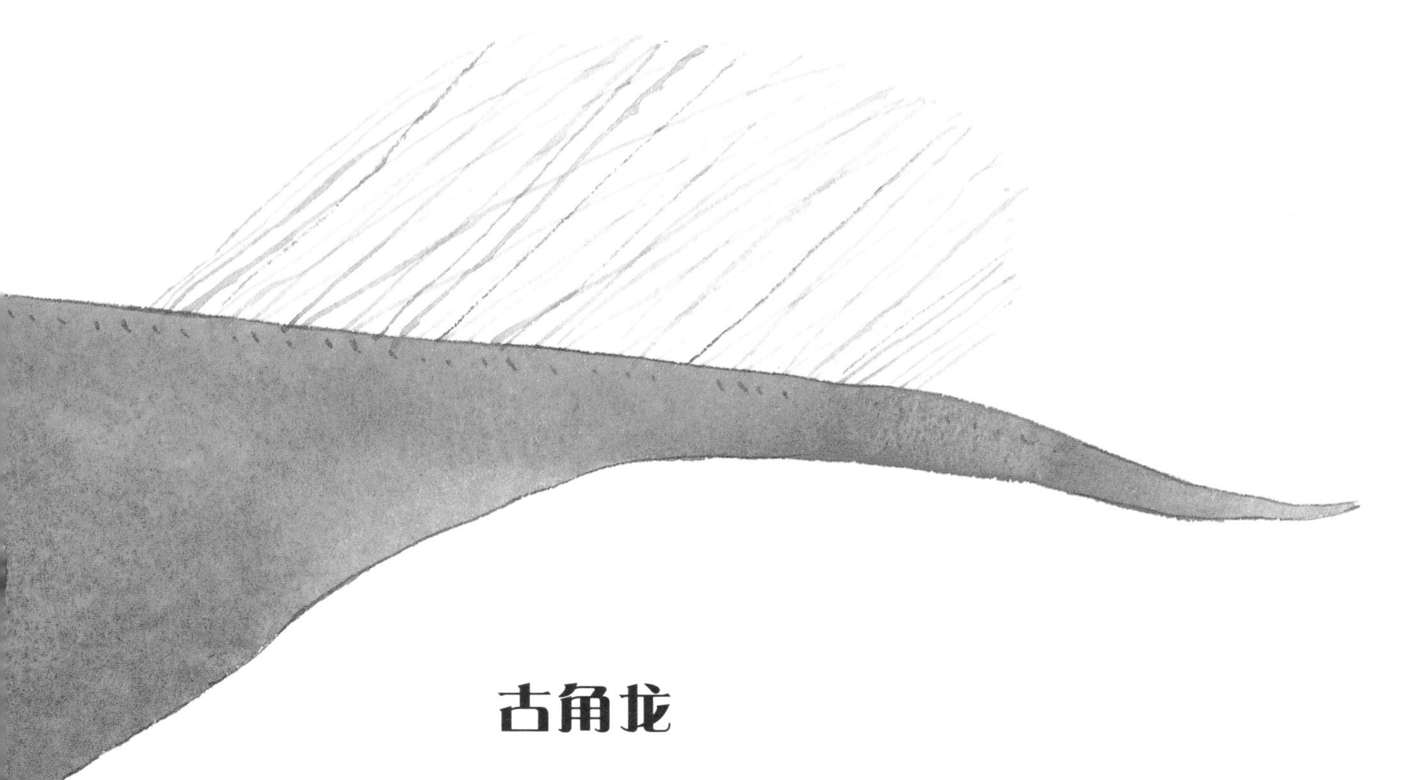

古角龙

体长：约 90 厘米
体重：约 10 千克
时代：白垩纪早期
食性：草食

这只古怪的小恐龙是威猛的三角龙进化链上的一部分。它的学名意思是“远古的有角的脸”，这个名字概括了它的样子——看起来和这么瘦的身体有些不太协调！它在学校操场上一定要格外小心，以免把头卡在栏杆中间。快！快叫消防队！

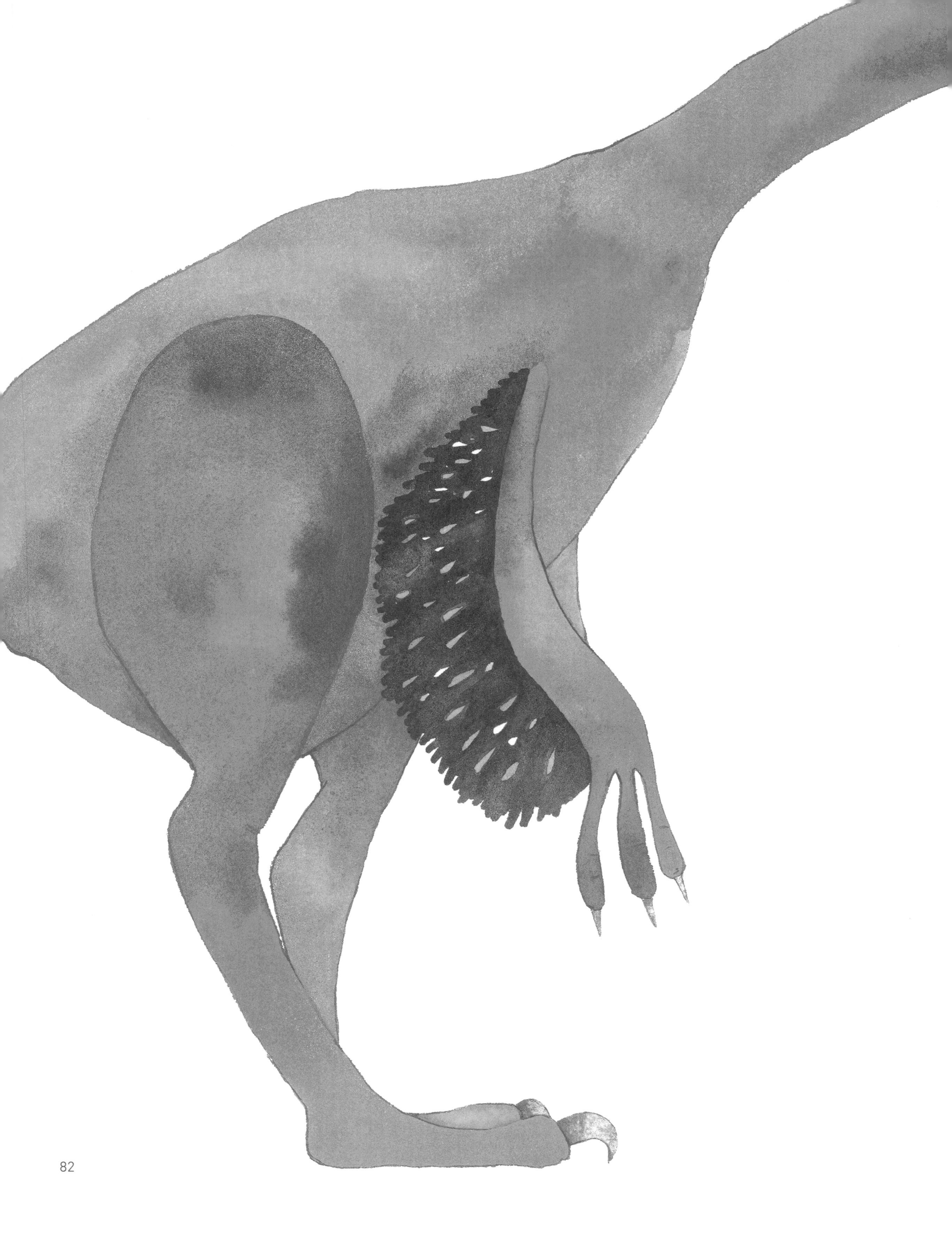

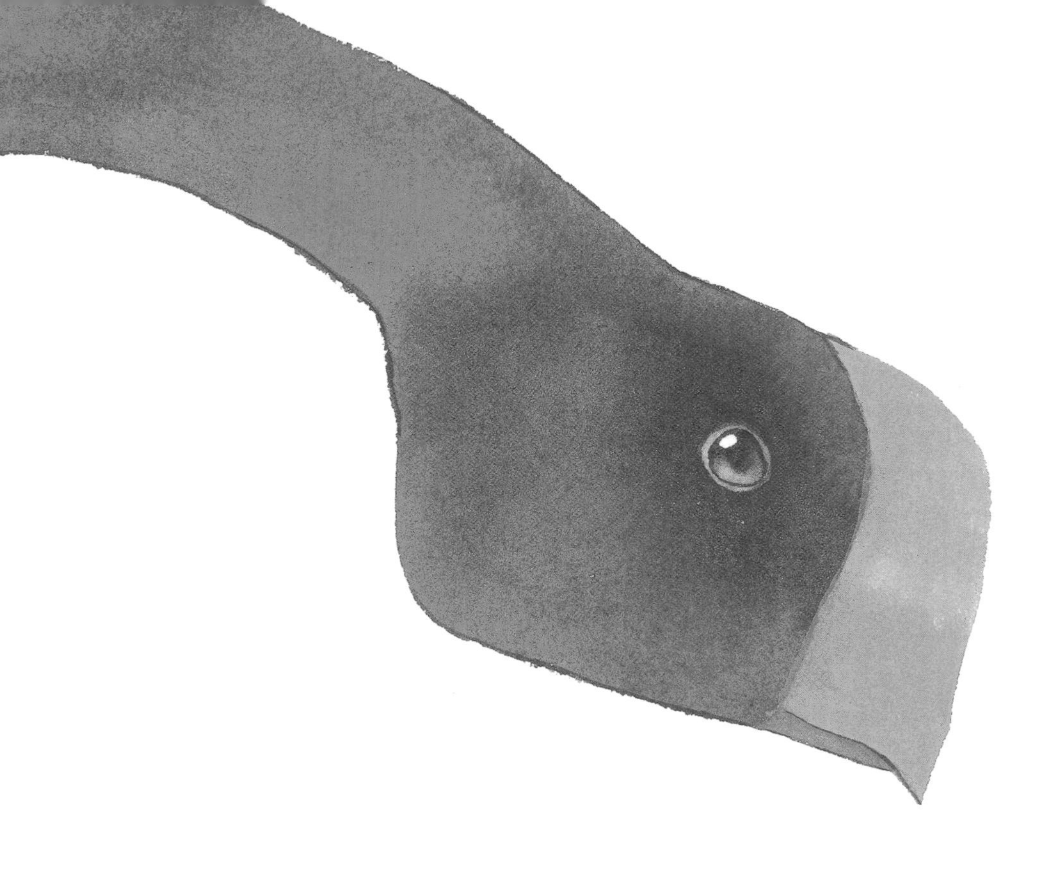

巨盗龙

体长：约 8 米
体重：约 2000 千克
时代：白垩纪晚期
食性：肉食

看到巨盗龙这样的名字，就不难猜到这只怪兽有多大了。这只“大鸟”的风头完全盖过了盗蛋龙家族的其他成员。以体重和身高来计算的话，它是其他成员的四倍！

然而，这种生物的喙、羽毛、尾巴和名字还是具备了大部分的家族特征——所谓“盗蛋龙”或“偷蛋贼”，是因为它们的喙被认为是用来搜寻，并吃掉其他恐龙的蛋。

科学界已经证明这是一种错误的推断。对巨盗龙来说，这可能是最好的消息，因为根据之前错误的推断，它要想吃饱，光一顿早饭就要吃掉 24 颗阿根廷龙的蛋。

镰刀龙

体长：约 12 米
体重：约 1000—3000 千克
时代：白垩纪晚期
食性：可能是草食

人们最初发现的是这种温和的草食性恐龙长约一米的巨大爪化石。可奇怪的是，当时的科学家认为它属于一种在海底生活的龟类生物。真是太不可思议了。

最终，科学家们发现，这是一只大约 12 米高的“树木爱好者”，它们喜欢用弯钩状的爪子拉下树枝，享受其他生物够不着的树梢美味。

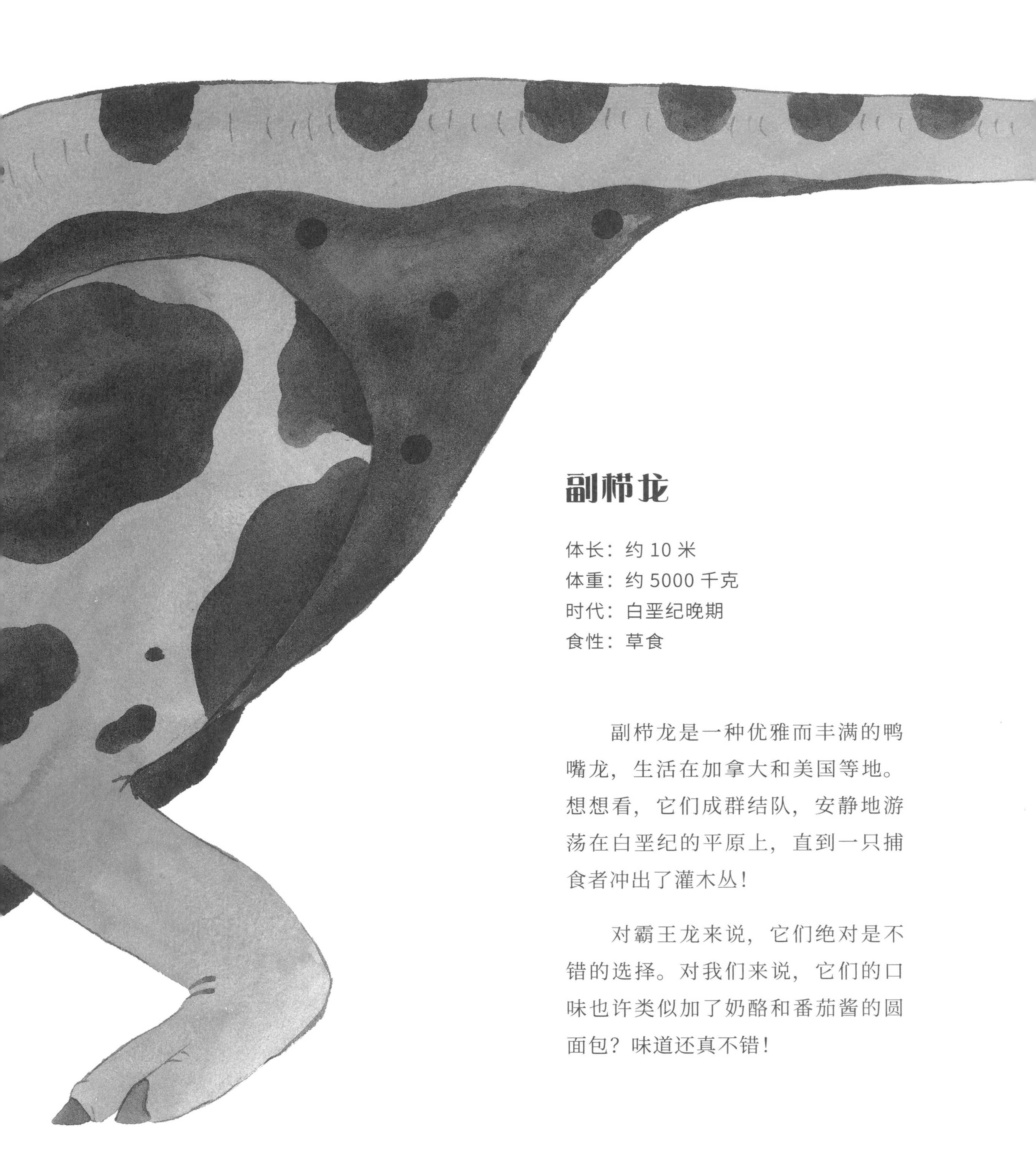

副栉龙

体长：约 10 米
体重：约 5000 千克
时代：白垩纪晚期
食性：草食

副栉龙是一种优雅而丰满的鸭嘴龙，生活在加拿大和美国等地。想想看，它们成群结队，安静地游荡在白垩纪的平原上，直到一只捕食者冲出了灌木丛！

对霸王龙来说，它们绝对是不错的选择。对我们来说，它们的口味也许类似加了奶酪和番茄酱的圆面包？味道还真不错！

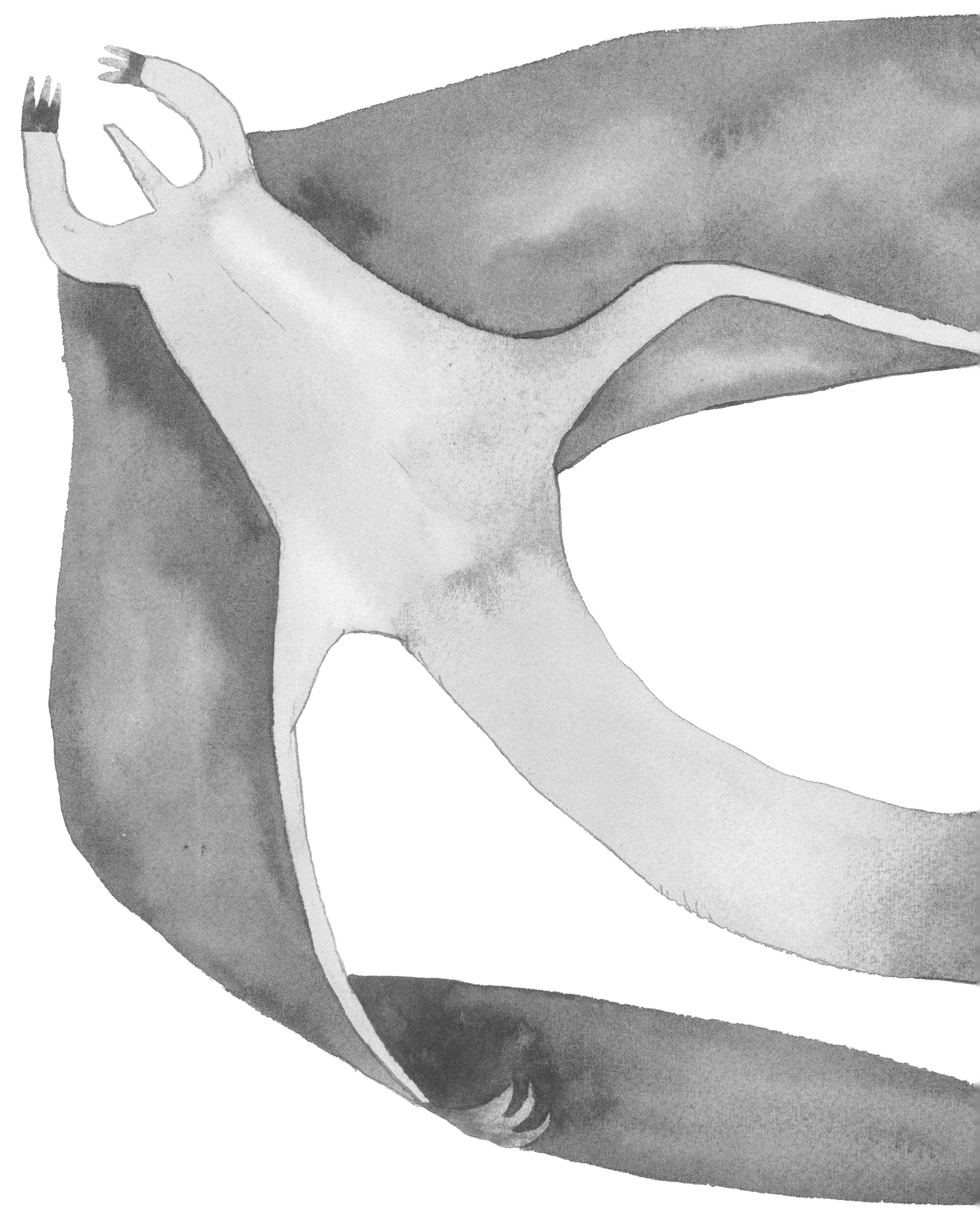

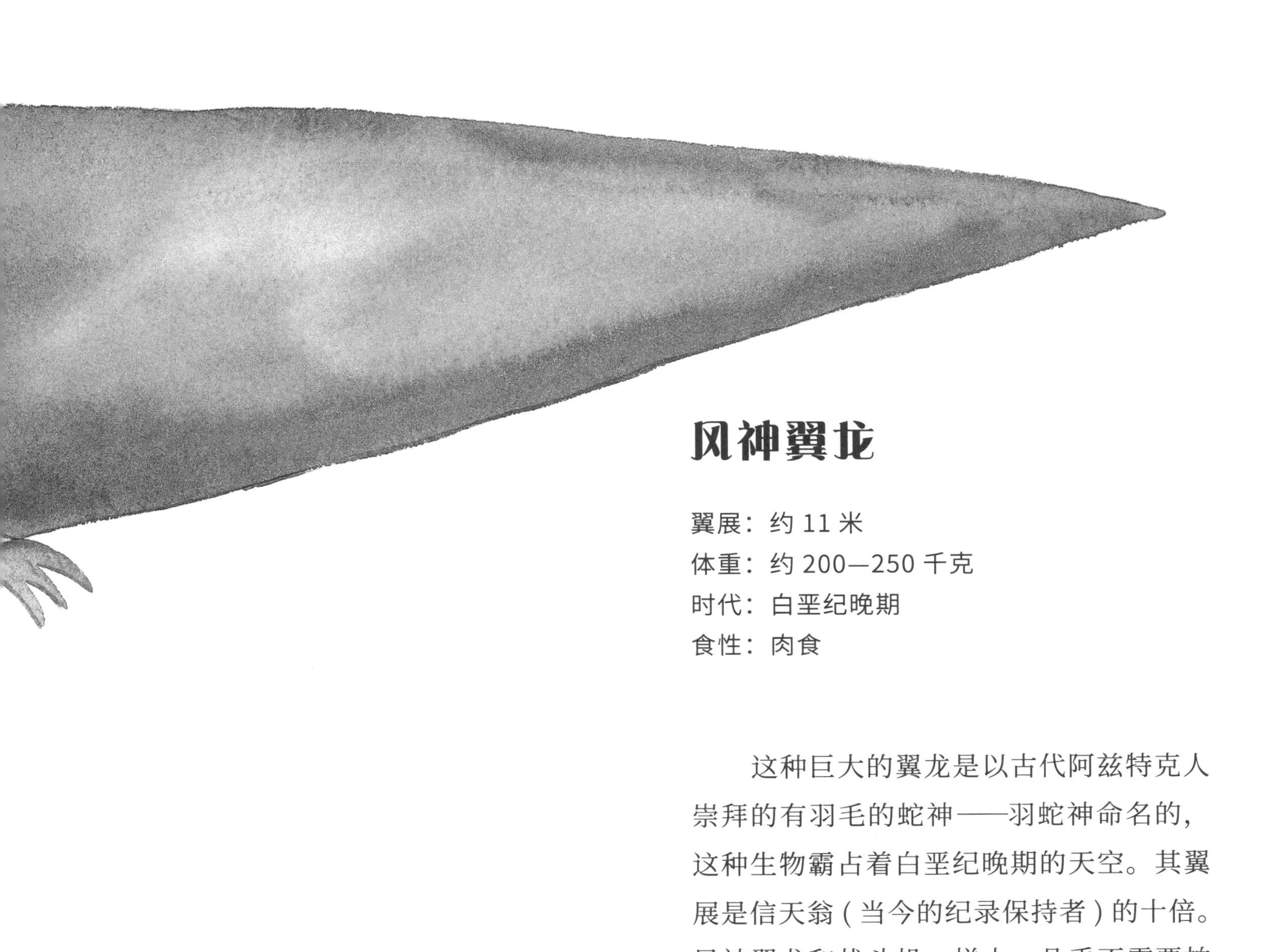

风神翼龙

翼展：约 11 米
体重：约 200—250 千克
时代：白垩纪晚期
食性：肉食

这种巨大的翼龙是以古代阿兹特克人崇拜的有羽毛的蛇神——羽蛇神命名的，这种生物霸占着白垩纪晚期的天空。其翼展是信天翁（当今的纪录保持者）的十倍。风神翼龙和战斗机一样大，几乎不需要拍打翅膀就可以在空中盘旋，然后寻找死去的恐龙来饱餐一顿。在干燥的陆地上，它个头足够高，看上去像一只现代的长颈鹿，但它是一个危险的捕食者。要是它生活在我们的世界，我们会是它的一道完美的零食。嘎吱一口，哎呦！

小盗龙

翼展：约 75 厘米
体重：约 2 千克
时代：白垩纪早期
食性：肉食

21 世纪初，小盗龙比巨盗龙早几年在中国出土。这种恐龙只有鸽子般大小，四肢上都有符合空气动力学和翼结构的羽毛。

人们认为，它们会像飞鼠那样，从一棵树滑翔到另一棵树上。这种外观现在已经很少见了，因为时间和自然告诉我们，两只翅膀比四只翅膀更好。

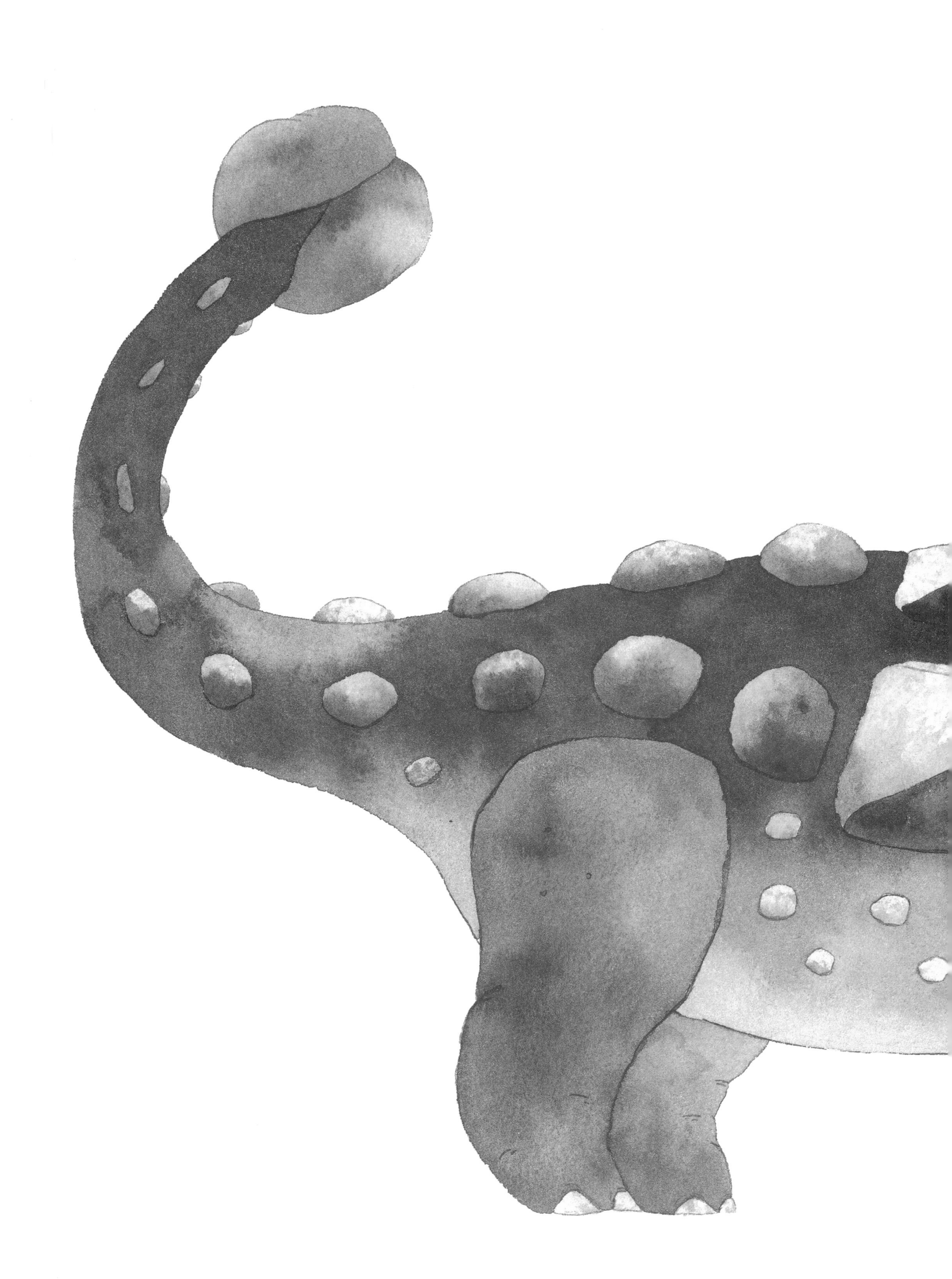

甲龙

体长：约 6—7 米
体重：约 4800 千克
时代：白垩纪晚期
食性：草食

魁梧、低矮的甲龙可能从来都没想过用速度或敏捷性来摆脱困境。它们身上覆盖着硬甲，就像美式橄榄球运动员身上的护垫一样，方便保护它们。这些保护看起来很厚，这对它们来说是件不错的事情——它们可以用锤状的尾巴当武器——这个武器有垃圾桶盖那么大！它们也许无法击倒强壮的霸王龙，但它们绝对可以撞断霸王龙的脚踝，然后缓慢挪到更安全的地方。

棘龙

体长：约 12—17 米
体重：约 6000 千克
时代：白垩纪早期到中期
食性：肉食、鱼食

如果一条 6 米长的澳大利亚湾鳄就能使你浑身颤抖的话，那么想象一下，当一只 17 米高的棘龙踩过沼泽向你走来时，你会被惊吓到什么程度。啊！这只怪物有一个长满钢笔大小牙齿的扁脑袋，背上有一张可怕的“帆”，它的个头比霸王龙还大。这个家伙是沼泽之王——我相信没有生物能够阻挡它。

图书在版编目（CIP）数据

恐龙和其他史前生物 /（英）马特·休厄尔著 ; 冯康乐译. -- 北京 : 北京联合出版公司, 2020.7

ISBN 978-7-5596-4183-0

Ⅰ. ①恐… Ⅱ. ①马… ②冯… Ⅲ. ①恐龙－普及读物②古生物－普及读物 Ⅳ. ① Q91-49

中国版本图书馆 CIP 数据核字（2020）第 062160 号

恐龙和其他史前生物

作　　者：（英）马特·休厄尔
译　　者：冯康乐
责任编辑：郑晓斌　徐　樟
特约编辑：门淑敏
封面设计：高巧玲

北京联合出版公司出版
（北京市西城区德外大街 83 号楼 9 层　100088）
北京联合天畅文化传播公司发行
北京美图印务有限公司印刷　新华书店经销
字数 100 千字　787 毫米 ×1092 毫米　1/8　12 印张
2020 年 7 月第 1 版　2020 年 7 月第 1 次印刷
ISBN 978-7-5596-4183-0
定价：88.00 元